地质勘查与资源开采

任传涛　杨国栋　陈汝姣　主编

汕頭大學出版社

图书在版编目（CIP）数据

地质勘查与资源开采 / 任传涛，杨国栋，陈汝姣主
编 . -- 汕头：汕头大学出版社，2024.5
ISBN 978-7-5658-5298-5

Ⅰ . ①地… Ⅱ . ①任… ②杨… ③陈… Ⅲ . ①地质勘
探②矿山开采 Ⅳ . ① P624 ② TD8

中国国家版本馆 CIP 数据核字（2024）第 103885 号

地质勘查与资源开采

DIZHI KANCHA YU ZIYUAN KAICAI

主　　编：任传涛　杨国栋　陈汝姣
责任编辑：黄洁玲
责任技编：黄东生
封面设计：周书意
出版发行：汕头大学出版社
　　　　　广东省汕头市大学路 243 号汕头大学校园内　邮政编码：515063
电　　话：0754-82904613
印　　刷：廊坊市海涛印刷有限公司
开　　本：710mm×1000mm　1/16
印　　张：8.5
字　　数：140 千字
版　　次：2024 年 5 月第 1 版
印　　次：2024 年 6 月第 1 次印刷
定　　价：46.00 元
ISBN 978-7-5658-5298-5

编委会

主　编　任传涛　杨国栋　陈汝姣

副主编　苏晓云　路宗悦　董瑞雪

　　　　张　彪

编　委　杨　成　王庆辉

前　言

　　矿业的核心是矿产资源，而矿产资源的核心问题是矿产勘查。矿产勘查是一种创造性的活动，发现的矿床就是新创造的财富。矿床只有通过勘查发现了，它才能成为财富。一个地区，一个国家，不管人们怎样津津乐道其具有多么好的矿产潜力，只要矿产还没有发现，潜力就只是梦想，只有矿产勘查才能使梦想变为现实。矿产勘查的核心是勘查知识、勘查技术。矿产资源赋存于自然界之中，但是如果没有地质学家、勘查专家利用勘查知识、勘查技术及宝贵的勘查实践经验，对成矿与找矿的认识创新，就不可能发现和查明矿产资源。没有查明的矿产资源对社会的使用价值而言，依然等于零。

　　目前，我国在煤炭开采地质条件探查的技术理论、综合评价、探测方法和探测仪器研制等方面进行了大量的探索，使我国的煤炭地质保障技术有了很大的发展，其中不少成果已达到世界先进水平，有的还达到了世界领先水平。但是我国煤田地质条件复杂，随着煤矿开采深度的增加、开采强度的加大，以及开采装备的高度现代化，煤炭资源开发面临更为复杂的条件，对引发煤矿灾害和影响生产效率的地质因素的探查精细程度要求将会更高。地质保障技术作为煤炭安全高效开采的关键技术被列入高效矿井的五大保障体系之一。利用先进、适用的煤炭地质保障技术和装备，预先查清开采地质条件，为矿井的设计、建设和生产提供精细可靠的地质资料和数据，以便采取有效措施，避免或减少灾害的发生。同时，科学合理地布置采掘工程，是实现煤矿安全高效生产的治本之策，也是实现以人为本、科学发展、建设创新型和谐社会的重大举措。

　　本书围绕"地质勘查与资源开采"这一主题，以地质勘查为切入点，由浅入深地阐述了勘查区找矿预测基础理论、矿产勘查取样、煤矿保水开采技术、煤矿减沉开采技术等内容，以期为读者理解与践行地质勘查与资源开采提供有价值的参考和借鉴。本书内容详实、条理清晰、逻辑合理，兼具理论性与实践性，适用于从事相关工作与研究的专业人员。

　　由于作者水平有限，书中难免存在不妥和疏漏之处，恳请广大读者批评指正。

目 录 ///

第一章　地质勘查基础

第一节　地质勘查概述

一、地质勘查的定义和特点

(一) 定义

广义上说，地质勘查是根据经济建设、国防建设和科学技术发展的需要，对一定地区内的岩石、地层、构造、矿产、地下水、地貌等地质情况进行重点有所不同的调查研究工作。按照不同的目的，分为不同的地质勘查。例如，以寻找和评价矿产为主要目的的矿产地质勘查，以寻找和开发地下水为主要目的的水文地质勘查，以查明铁路、桥梁、水库、坝址等工程区地质条件为目的的工程地质勘查等。地质勘查还包括各种比例尺的区域地质调查、海洋地质调查、地热调查与地热田勘探、地震地质调查和环境地质调查等。地质勘查必须以地质观察研究为基础，根据任务要求，本着以较短的时间和较少的工作量，获得较多、较好的地质成果的原则，选用必要的技术手段或方法，如测绘、地球物理勘探、地球化学探矿、钻探、坑探、样品测试、地质遥感等进行研究。狭义上说，在我国实际地质工作中，把地质勘查划分为 5 个阶段，即区域地质调查、普查、详查、勘探和开发勘探。

地质勘查主要包括以下内容：地质测绘、地球物理勘探、地球化学勘探、环境地质、工程地质、海洋地质、钻探工程、坑探工程和地质实验测试等。

(二) 特点

地质勘查具有基础性、先导性、探索性和综合性等特点。地质勘查是我国社会主义经济建设、国防建设和社会发展中的一项基础性工作。凡工农业建设和持续发展中所需的矿产、能源和水资源，以及有关工程建设、地质环境监测和地质灾害预报与防治等国土开发整治方面的实际问题的解决，都离不开地质勘查，都必须在地质勘查的基础上进行。地质勘查是对地球在漫长的发展过程中，自然作用所形成的地壳表层及一定深度内的物质成分和结构进行的调查研究。通过对某一地区或地段的地质特征和条件的了解，解决矿产资源、能源、水资源的探找与勘查，工程建设的选址，经济建设的合理布局，地质灾害的防治，自然环境的保护等多方面的需求。也就是说，必须先了解地下资源的赋存状态，掌握其技术经济条件，进行合理的开发利用；了解工程建设的工程地质、环境地质条件，避免选址和设计中的失误，造成不应有的损失；了解地震、滑坡、泥石流、水土流失等的地质背景，以增强防治、监测、预报的能力，减少地质灾害造成的社会和经济损失。

地质勘查是一项综合性很强的科学技术工作。由于工业的发展，人类活动对自然界的破坏越来越严重，因而近年来国际上普遍提出了为人类自身的生存而保护自然环境和开发利用新的自然资源的要求，包括新矿物材料的发现、有用矿物的人工合成实验研究等。加上地质科学研究领域不断扩大和研究的深入，即由全球到太阳系的星体，由地壳表层到地球内部。不少地质学家感到地质科学一词已不能完全概括其全部内容，提出了地球科学的新概念，进而发展了天、地、生相互关系学，这就为地质科学和地质勘查提出了一系列的新任务。当前，国际合作开展的全球变化、岩石圈动力学和国际减灾计划，都将带动与促进其他学科的发展和提高解决实际问题的能力。

地质勘查有一定的风险性。但它又不同于社会上泛指的风险，因为通过地质勘查即使未达到预期的特定目的，但却获得了一定的地质资料。这些资料对进一步认识地质现象和部署以后的地质工作，仍具有重要的使用价值和科学意义。同时，我们还必须认识到，地质勘查从区域地质调查到矿产的开发利用的全过程来看，不仅产生了巨大的经济效益，而且社会效益提升也是十分明显的。例如，大庆油田的发现和勘探所用的经费与多年来采出的石油资源的价值相比则是微不足道的，我国许多城市是由于发现并开发矿产资源而兴起的，如大庆（油）、渡口（铁）、金川（镍）、白银（铜）、平顶山（煤）等。当然，在地质勘查的某一特定阶段，为了达到预定目的进行某项地质勘查，项目失败的事例也是经常发生的，这恰是地质勘查的性质和现阶段的科技发展水平所决定的。随着地质科学技术、理论水平的不断提高，这种风险性将会逐步降低。因此，对地质勘查的风险性要有正确的理解和宣传，以免造成对地质勘查在经济意义方面的误解，进而造成对地质勘查支持上的不力。

二、地质勘查资质管理的未来选择

地质勘查资质管理体制改革经过多年的酝酿和实践，已经奠定了良好的基础。但对于国家地质调查工作机构定位和队伍组建、属地化后地质勘查队伍的深化改革和商业性勘查等问题还有待解决。

而且随着"负面清单"管理思想的逐渐推进，我国地质勘查资质管理将趋于统一，未来的地质勘查资质管理只是作为进入"底线"，不再对内资和外资进行区分。同时，地质勘查资质管理必然作为简政放权的重要内容之一，过去的部分管理政策将随之调整。当前，针对地质勘查资质审批制度改革有3种意见：一是维持现状，二是下放到地方管理，三是转由行业协会管理。这里对维持现状的意见不再阐述，仅就下放到地方管理进行论证。

在下放到地方管理方面，第一种是下放到地方管理依旧为行政审批，具有行政严肃性和规范性。资质审批是进入地质勘查行业的重要关口，同样有着非常强的严肃性、规范性。第二种是下放到地方管理统一审批，这一点是较容易实现的。现行的地质勘查资质审批权，由国土资源部和省级国土资源主管部门负责，省级国土资源主管部门具有较强的专门组织和评审专家，对整个审批流程比较熟悉。第三种是下放到地方统一审批便于后续监管，地方政府凭借行政管理权，便于对地质勘查资质进行监督检查，也能够规避不良中介的影响，能够将众多问题消灭在萌芽状态。

第二节　地质勘查高新技术的发展

一、地质勘查高新技术发展形势

随着社会的发展、技术的进步，地质工作的领域不断拓宽。21世纪以来，各国地质工作的重点从以寻找和发现矿产资源为主的矿产资源型，向兼顾资源与环境保护、减轻灾害的资源与环境并重的社会型转变。地质工作的主要任务除传统的基础地质调查和矿产资源调查评价以及信息服务外，还增加了环境地质、农业地质、城市地质、资源管理等内容。面对这些重大任务，遥感技术、钻探技术、地质信息技术及高新技术已成为现今地质勘查中不可缺少的重要组成部分，各国尤其是发达国家，都极为重视发展高新技术。

当前，部分发达国家已经制订了以技术为先导的地质领域的重大战略计划，代表了地质工作和地球科学发展的方向。我国也非常重视高新技术的发展，相继提出了"高光谱地壳"的概念，实施了"深部探测计划"，成功发射了高分一号卫星，初步建立了北斗卫星导航定位系统。同时，国务院还出台了一系列决定纲要，这些文件为地质勘查高新技术的发展指明了方向。但是，科技发展日新月异，按照科技发展规划的科学性要求，随着新技术的出现，原来制订的规划或者计划需要根据技术发展的新情况进行不断的调整，需要对技术的未来发展进行更长远的科学性前瞻，这就要求我们必须将发展战略研究常态化、长期化。

（一）国际地质勘查高新技术发展形势

随着高新技术的飞速发展，发达国家地质调查普遍采用现代探测技术、现代分析技术和信息技术等，陆续装备起各类大型观测分析仪器、航天航空器、深海探测器等先进设备，实现了卫星定位系统、地理信息系统和遥感观测的一体化，极大地促进了对地球系统科学的认识和理解，基本实现了以高新技术为支撑的地质工作现代化。

1.遥感技术是国际竞争的一个战略制高点

遥感技术主要是通过空间卫星、临近空间飞行器、飞机和无人机以及地面平台等新技术对地球的各个圈层——大气圈、岩石圈、水圈、生物圈、冰冻圈甚至智慧圈，进行调查和监测，以便了解各圈层的状况和变化及其相互作用，特别是与人类活动有关的相互作用，以及它们将来的发展趋势，并研究对这种状态和变化进行预测、预报和预警的可能性。因此，遥感技术在国民经济建设以及国防建设等方面日益显示出独特的战略地位和意义，是国际竞争的一个战略制高点，也是许多发达国家包括一些发展中国家竞相发展的重要领域。目前，世界各国纷纷构建天地一体化的对地观测体系，同时，遥感对地观测活动的联合与协调也逐步加强。美国的地球观测系统、地球科学事业计划，法国的"SPOT卫星计划"的实施，使得他们成为对地观测领域的先锋。

2. 地球"深部探测计划"得到发达国家的重视

美国国家科学基金会、美国地质调查局和美国国家航空航天局联合发起的"地球探测计划"，利用现代先进的观测技术、测试技术和通信技术，探索北美大陆的结构和演化，提高对地震和火山喷发的物理过程的认识，为减轻自然灾害、开发自然资源和了解地球动力学特征做出了贡献。欧洲一些国家仿效美国，先后实施了大陆地壳的深地震反射探测，法国、德国、英国、瑞士、意大利等国都制订了相应计划，长期实施。

加拿大地质调查局实施"勘探技术计划"，旨在通过开发综合的区域和矿床尺度的地质模型及地球物理、地球化学方法和设备，来改进应用于勘探的概念和技术，从而促进矿产勘查新方法在加拿大的发展，使加拿大的地球科学研究走在世界的前列。

3. 大数据技术正在渗透至各个领域

随着人们获取地质数据手段的增加，数据的类型和数量越来越显示出多源、多类、多量、多维、多时态和多主题的特征。因此，当前人们比以往任何时候都需要与数据或信息交互，世界正进入基于大数据进行数据密集型科学研究的时代。计算机技术、数据库技术、网络技术、虚拟技术等现代化的技术深入应用到了地学众多专业领域，地学信息产品服务成为信息化时代各国为公众提供公益性服务的主流渠道，全球的地学信息科学家都在朝着这一方向努力，即基于共同的标准和协议为地球科学搭建全球数字化信息网，实现分布式、基于网络平台的、开源的、能够协调操作的数据访问和应用的共享平台，让地学知识能够快速、便捷、高效率地为变化的地球探测与研究服务。

(二) 我国地质勘查高新技术发展形势

高新技术的发展和大量应用，使地质工作的调查手段、研究的深度和广度、成果的表现形式等都发生了巨大变革。除了地球化学填图工作以外，我国大多数勘查技术领域在国际上处于一般水平和落后水平，只有个别勘查技术与装备（如航空电磁法）的研发达到国际先进水平，而且我国一直没有产生在世界上被普遍接受的重要的地质理论。

我国地质科技与国际先进水平相比差距较大，主要表现在以下几个方面。

①环境治理与灾害防治领域"3S"技术等高新技术含量不高；勘查技术总体落后，主流地球物理勘查技术和分析测试技术主要依靠引进，航空电磁测量、重力及梯度测量、磁力梯度及张量测量、深海钻探、深潜探测等大部分仪器的研发处于落后状态。②我国已拥有的先进技术绝大部分是引进的，且主要掌握在部分科研院所和专业院校等少数单位手中，勘查单位大多处于设备陈旧、技术落后状态。③野外生产第一线的实际工作中大多没有采用先进技术，而拥有先进设备和方法的单位大多又未承担地质大调查生产项目，而且普遍存在仪器装备先进，解释方法落后；单个技术先进，但技术集成落后等问题。并且还存在地质信息技术体系不够健全，地质信息技术的应用深度和广度不够，信息资源与技术的开发力度不足，地质信息技术有关标准和网络建设等基础性工作薄弱等问题。

因此，为了解决当前及今后我国地质工作中的实际问题，需要根据客观规律，并结合实际需求，进行总体规划和部署。所以说对地质勘查高新技术进行战略性前瞻研究非常必要。

二、地质勘查高新技术的战略思路

以矿产为例，根据我国矿产资源供需情况分析，从我国矿产资源勘查开发实际出发，利用"两种资源"，一方面尽量利用好国内资源，另一方面积极地利用国外资源，加强国内矿产资源的勘查开发，积极开展境外矿产资源的勘查开发。

(一) 指导思想

围绕全面建成小康社会的奋斗目标，根据中央提出的西部大开发战略，东北地区等老工业基地振兴战略，"走出去"战略，加强战略性矿产勘查，为逐步实现我国原材料基地战略西移，以及保持和稳定我国现有矿业的产能提供矿产资源保障。

（1）积极参与西部大开发战略的实施，加强我国西部地区工作程度极低地区的区域矿产调查评价工作，选择成矿条件优越、找矿信息密集的地区，根据交通、能源、自然地理等条件开展矿产勘查工作，探明一批可供固体能源及原材料矿物原料基地建设的大中型矿产地，为实现我国21世纪固体能源和原材料矿物原料接替基地战略西移奠定基础。

（2）配合东北地区等老工业基地振兴战略，对我国濒于资源危机的大中型矿山，开展接替资源勘查，为保持和稳定我国现有矿山产能实施应急勘查计划。

（3）切实落实中央"走出去"战略，探索矿产勘查"走出去"战略，实施境外矿产资源战略调查，为"走出去"开发矿产资源提供服务。

(二) 战略目标

（1）对我国中东部地区主要固体矿产矿山开展全面调查，通过对200个左右国有大中型危机矿山接替资源勘查工作，发现并探明一批对我国原材料供应有重大影响的骨干矿山的后备资源，总体上力争保持和稳定我国固体能源和原材料矿物原料的现有产能。

（2）对西藏冈底斯地区、西昆仑地区、东昆仑地区、西南天山地区、阿拉善地区、阿尔泰地区、西南三江北段、大兴安岭北段等工作程度极低地区，开展矿产区域调查工作，摸清矿产资源家底，同时，力争取得找矿重大突破。在东天山、辽宁吉林东部、华北陆块北缘中段、东秦岭、南岭中段、闽中粤东、川滇黔、三江南段、北祁连、西秦岭等地区开展重点地区的普查工作。提交一大批可供开发的大中型矿产地，形成一批大中型固体能源、原材料矿物原料新的接替基地，使我国矿物原料产能有较大幅度的增长。矿种包括铜、铅、锌、银、金、钴、镍、铂、钨、锡、锑、钼、铁、锰、铬、铝、钛、稀土、钾、磷、硫、硼、萤石、水泥用灰岩、菱镁矿、石墨、石膏、高岭土、硅藻土、膨润土、煤、铀等。

（3）通过对境外矿产资源战略调查，全面搜集全球矿产资源勘查开发的有关资料，建立数据库，应用高新技术开展境外某些地区矿产资源战略调查，为国内企业"走出去"勘查开发资源提供一批远景区。

（4）配合战略性矿产资源勘查完成新一轮未查明矿产资源潜力评价，开展铜、铅、锌、银、金、钴、镍、铂、钨、锡、锑、钼、铁、锰、铬、铝、钛、稀土、钾、磷、硫、硼、煤、铀、萤石、水泥用灰岩、菱镁矿、石墨、石膏、高岭土、硅藻土、膨润土等矿种的未查明矿产资源潜力评价。对我国未查明矿产资源潜力在数量和产出地区提出评估意见，以指导我国固体矿产勘查工作科学部署。

（5）建立国家地质调查基础数据采集和更新机制，一方面完成并填补我国区域地球物理、区域地球化学、区域遥感地质、区域水文地质、环境地质等基础地质数据的空白，另一方面对认识陈旧、精度较差的数据及时更新，以服务于国民经济的方方面面。

第三节　我国地质勘查工作现状与面临形势

一、我国地质勘查工作现状

我国地质勘查行业历史遗留问题逐渐显现，行业未来发展面临挑战。如今随着经济建设的需要，地质勘查工作的内容已经不仅仅局限于矿产资源的探索，还包括对环境、资源等地质情况进行的调查研究。我国地质勘查工作现状主要有以下两点。

1. 国内勘查项目融资逐年减少

受矿业市场波动及事业单位分类改革的双重影响，国内地质勘查项目融资在逐渐减少；社会勘查项目受生态环境保护、探矿权管理等政策影响较大，采矿行业的利润增长并未及时惠及上游的勘探行业。

2. 国内地质勘查专利申请数量开始下降

地质勘查行业还面临市场化程度低、地方保护主义严重，出现人才断层、复合型人才缺乏，资源浪费严重、不同部门重复投资，矿业权市场建设滞后，忽视科技创新、勘探技术与装备较为落后，可行性研究与勘查工作脱节等其他问题。例如，我国很多地质勘查单位只注重开拓社会市场，增加经济效益，人力、物力的应用都集中在具体项目实施上，真正投资在科技创新和技术手段创新方面的人力、物力资本少之又少，潜心搞研究的技术人员也很少。近年来，我国地质勘探相关专利申请数量开始下降。

所以我国应建立如下地质勘查工作目标。

（1）地质勘查工作程度整体提升到接近目前发达国家水平。地质勘查工作在调整经济结构、促进经济发展方面发挥着重要作用。

（2）矿产资源调查评价工作程度整体大幅度提高。西部地区主要成矿区（带）基本达到目前东部成矿区（带）的调查评价水平，东中部深部"第二空间"矿产调查评价取得进一步突破。新发现一批能源与重要矿产远景勘查接替基地，为进一步缓解我国资源瓶颈提供基础支撑。构建的全球矿产资源信息系统对政府和企业提供良好服务，对企业"走出去"起到显著的促进作用，并引导企业建立了一批稳定的境外矿产资源勘查供应基地。

（3）全面完成我国陆域中比例尺区域性基础地质数据采集与更新、管辖海域区域地质调查、新一轮海洋带地质调查。陆域大比例尺区域性基础地质调查完成可测面积的50%，基础地质调查、海洋地质调查的工作程度、数据精度和服务能力大幅度提高。

二、我国地质勘查工作面临形势

近几年，政府部门出台了一系列与矿产勘查开采相关的管理政策，管理政策效应或将集中显现。随着政策的明朗和稳定，市场对矿产勘查的决定性作用将凸显，地质勘查市场趋稳，内生动力或将增强。在矿业经济持续低迷背景下，地质勘查工作的重任正发生转移。前瞻产业研究院认为，地质工作将发生重大转变，服务新型城镇化建设，城市地质、地热地质等将得到快速发展；服务环境污染治理，水土污染调查与治理将加大力度；服务民生与乡村振兴，农业地质、土地质量、地质灾害调查等将受到关注。

（一）体制转型、机制转换双滞后

体制转型、机制转换双滞后，带来的矛盾和问题十分突出。地质勘查工作体制改革、机制转变虽然取得了一些进展，但由于新旧体制混合运作带来以下一些问题和矛盾。

（1）地质工作与体制改革相适应的产业结构调整，在有了一定程度改变的同时，对地质工作体制触动并不大，基本上还是局限于"体制外"为主的调整。

（2）现行部门管理体制仍不适应市场经济要求，大部分管理对象仍沿袭着计划经济时期事业单位管理的格局。地质工作机构的定位（特别是省级地质专业骨干队伍的定位）不够明确。厅、局之间的关系没有理顺，在事权、待遇（单位级别、人均地质勘查费）等方面还有差别。

（3）地质工作微观经济组织与主管部门之间仍维系原有的行政隶属关系，以致产权关系不明晰，单位或企业的经营风险仍由国家承担。

（4）所有制结构和经济成分仍较单一，95%以上仍是国家所有的经济实体，与市场经济要求相差甚远。

（二）市场体系总体功能没有完全发挥

市场体系总体功能没有完全发挥，未形成统一开放的市场。市场体系有利于充分发挥市场参与者的主动性和创造性，推动市场主体合理配置和使用生产要素，提高经济效益，还能自主调节市场供给结构和需求结构。但在地质工作领域，这一功能没有得以正常发挥和实现。另外，矿产资源自然分布的不均衡性，决定了地质勘查市场的区域非均衡性。从大的区域来看，西部勘查程度较低，矿产勘查潜力巨大，而东部勘查程度相对较高，找矿难度和风险明显加大，矿种上也存在明显的区域分布差异。同时，其他相关市场如矿产品、矿权、资本、劳动力等市场也存在明显的区域差异性，而这种差异性又与地质勘查市场的差异性存在着某种程度的背离，这在客观上要求打破传统地质勘查工作区域分割的格局。目前条块、地区分割的局面仍未被完全打破，资金、劳务、技术还没有实现市场配置下的自由流动。

（三）各要素市场的完善整体上不协调

目前，地质工作各要素市场总的态势是：商品（矿权）市场已基本形成，特别是矿权流转的一级市场，发育较快；但地质勘查资本市场尚未建立，地质勘查劳务市场还比较分散，没有形成统一的市场。从商品（矿权）市场看，各要素市场需解决以下几个问题。

（1）矿业秩序没有根本好转，矿业权人合法权益缺乏保障。

（2）矿权出让流转制度不完善，弊端较多，突出表现在探矿权的招拍挂上。

（3）矿业权管理信息化程度不高，信息不对称，如大量相关数据还需要输入并纳入管理，省、市、县三级工作信息交换不够等。

（4）矿权意识淡薄，地方保护主义严重，登记难度大。

（5）矿业权评估方法还不科学，造成评估结果有差别，评估法规不健全，没有统一的评估规范和标准。

从勘查资本市场看，地质工作有效投入不足，矿产勘查融资困难。一方面是投资主体没有信心，另一方面是勘查主体缺位，致使固体矿产勘查（特别是风险勘查）资本市场尚未形成。地质勘查市场化程度仍很低，缺乏竞争力和活力；再就是勘查技术方法、手段传统落后，技术改造能力不足，地质找矿理论创新不够，严重影响当前地质勘查向深部和老矿山外围突破。从中介组织看，既有中介组织缺失和职能不到位，未能充分发挥其在地质勘查领域的中介服务功能和作用；又有中介机构人员整体素质参差不齐，缺乏理论水平和实践经验兼备的专业人才，影响了服务质量和服务水平；还有市场意识和服务意识不强，缺乏应有的自律等问题。

（四）传统管理体制限制地质勘查工作的开展

地质勘查单位沿袭的管理模式和理念已越来越难以适应市场的变化与要求，严重制约了自身经济的发展，一是自计划经济时期形成的自成一体的封闭性管理与市场经济的开放性特征相悖，难以适应外部环境的变化；二是权力集中在以主要领导者为核心的极少部分人员手中，决策体系缺乏有效的监督、反馈和制约机制，在决策方面往往缺乏科学化和民主化。进入市场经济后，由于受传统体制的束缚和政府主导的矿业权垄断配置，地质勘查单位难以成为矿业市场的主体，不能实现探矿成果的收益。加上自有资金的匮乏，既不愿意也不可能进行自有投入风险勘查。由此，大多数地质勘查单位还严重依赖政府补贴，在帮助政府实现资源垄断配置的同时，靠开展社会地质工作赚取微薄的利润，在经济上难以有大的发展。

（五）市场规则体系不完善

现阶段我国市场运行的规则是国家通过立法、执法、司法和法律监督来规范的。由于从计划经济向社会主义市场经济逐步过渡时期的种种历史和现实原因，现行法律法规与开放型矿产资源市场，特别是我国加入世界贸易组织后，市场规则体系还存在以下几点主要问题。

（1）地质工作中适应市场的规则体系很不完善，规范和标准不统一，特别是新旧制度并行，造成操作中随意性很大。

（2）现有规则的部分内容严重滞后，如对地质勘查市场主体的一些规定已不适应市场经济的要求。

（3）一些市场规则的内容不统一，如对探矿权、采矿权流转的规定在有关法规中相互抵触。

（4）一些市场规则还没有与国际接轨，如对地质勘查市场主体还实行区别对待的规定，对地质资料没有全面公开，矿业法律制度的执行不够透明。

（六）商业性地质工作缺乏双拉动

（1）由于商业性矿产勘查与战略性矿产勘查界线难以划分，致使这两种地质工作在管理上仍有交叉。

（2）对大调查经费、资源补偿费和财政补贴用于地质工作缺乏统筹管理，降低了地质工作的效果。

（3）与商业性地质工作结合还有不少问题。如两类地质成果特别是地质资料还没有一个适应市场经济要求并与国际惯例接轨的分析标准和相应的管理方式、使用办法、权益保障等规定和实施细则。矿产品市场拉动乏力。虽然矿业发展对矿产勘查业提出了较高的需求，但这种需求至今没有成为拉动商业性矿产勘查的直接动力，主要原因是矿业没有形成对勘查资本的积累，矿产勘查成本没有进入矿产品价格，以及没有形成良性矿产价值补偿机制。

第四节　地质调查信息化工作概况

一、地质调查信息化存在的问题

（一）信息化不能满足应用需求

（1）信息化的首要任务是信息资源的数字化。我国近百年地质工作的历史积累了丰富的地质信息资源，尽管数据资源的积累已显著提高，但仍有相当数量宝贵的地质数据和资料没有建立数据库，需要开展抢救性工作。

随着国家及社会发展对地质数据需求的增长，跨行业的数据需求增长，原有的地质数据库及数据产品远远不能满足需求。地质调查信息化需要加强基础地学数据库建设。

（2）原始数字化地质资料保存和管理没有纳入议事日程。对重大工程积累的大量数据的管理和利用没有引起足够的重视。

（3）如何统筹地质勘查工作获取的大量有价值的地质信息，已成为摆在我们面前最迫切的任务。

（4）信息资源的开发利用不够。对已有信息资源存在的影响应用的问题没有采取必要的措施加以解决，信息资源的更新重视不够、投入不足；对信息资源的开发利用不够，缺乏满足各种需要的集成信息产品。

（5）信息资源的管理水平需要加强。已建数据库是在不同时期根据不同的需要分别建立的。这些数据库基本上是一个数据库一个管理系统，多源异构是普遍的现象，给用户提取所需数据造成困难。

（二）信息化尚有瓶颈需要突破

区域地质调查全过程信息化在主管部门的大力支持下，在科研人员和广大区调人员的共同努力下，正在改变着传统的工作方式。但是，在人力资源配置、数据质量的控制和检查、系统的完善、技术支持和服务等方面都需要做进一步的工作。

（三）信息服务尚不能满足社会需求

在线服务的信息量有限。中国地质调查局能够提供在线服务的主要是国土资源大调查获取的数据资源目录类数据库，包括元数据、文献资料数据库、科研类和综合类以及小比例尺的地质图数据库。信息资源的拥有量和能够提供在线服务的信息量相比极不匹配。

（四）信息化网络、标准体系建设需完善

地质调查网络体系建设方面，目前，从计算机网络平台层的建设而言，地质调查网络系统建设已初具规模，但并未全部实现覆盖中国地质调查局业务数据流的网络体系；从应用层的建设而言，虽然统一的工作平台初见成效，但仅仅局限于基础网络应用平台的研究与开发上，互联网网站信息发布平台仍不完善。此外，资源层的建设尚未开展、运行维护管理体系和安全保障体系缺乏统一的综合管理与安全管理平台、标准体系尚不完善。

二、地质调查信息化存在问题的对策

借助地质资料管理的信息化建设，不断研究、创新地质资料的服务机制，改进服务方式，发展服务产品，充分开发和利用地质资料信息资源，发挥地质资料信息资源的作用。

（一）改革和创新地质科技勘查

随着我国城市化和信息化建设速度的快速提高，城市发展对资源的需求与资源环境之间的矛盾逐渐凸显，其中矿产资源的勘查工作呈现出来的状态是比较落后的，并且社会发展对重要矿产的需求也无法得到满足。因此，必须切实加强重要矿产资源勘查，为全面建成小康社会提供更加有力的资源保证和基础支撑。找矿的历史已经证明，要取得地质找矿的突破，必须依靠先进的地质理论去指导，新的找矿思路和理论的突破，往往可以找到一系列矿床，在当前找矿难度越来越大的情况下，更需要创新的地质理论和先进的勘查技术方法。

（二）重要矿产和重要成矿带具体规划

为突破我国经济和社会发展的资源瓶颈，提出了要加强能源和非能源重要矿产勘查，由于非能源重要矿产有的是以找矿为主，主要是增加资源量；有的是以勘查为主，主要是提供可采储量；有的是以研究为主，主要通过研究提出找矿靶区，其目标任务不完全相同，因此建议国家对重要矿产和重要成矿带编制具体的勘查规划，落实具体的目标任务和资金保证，以确保国家对重要矿产资源的需要。

（三）商业性地质工作范围扩大

公益性地质工作，国家主要负责全国能源和其他重要矿产资源远景调查与潜力评价，全国性跨区域、海域基础地质和环境地质的综合调查与重大地质问题专项调查，因此凡登记矿权的资源勘查，从预查到勘探项目全部都是商业性地质工作。明确中央设立地质勘查基金来加强对重要矿产资源的前期勘查，引导企业和社会资金投资商业性勘查是十分正确的。

第五节　地质勘查工作的定位、一般规律及指导原则

一、世界主要国家地质勘查工作定位

世界主要国家地质勘查工作主要由国家地质机构来承担，因此，从世界各国地质调查机构的隶属关系、主要职能和使命以及工作任务，可以看出世界主要国家地质工作的特点、定位和规律。根据世界各国地质调查机构的隶属关系，可以将其分为以下四类。

（1）隶属于政府资源管理综合部门，如美国、加拿大、俄罗斯。

（2）隶属于矿山（矿业、矿产）能源（水资源）部，如巴西、南非、印度尼西亚及非洲一些国家。

（3）隶属于政府经济或工（商）业部门，如荷兰、德国、意大利、法国、韩国、老挝、越南、泰国、蒙古等。

（4）隶属于政府科技部门，地质调查是一项科学工作，地质调查机构被视作科学机构，如英国地质调查局隶属于自然环境研究委员会，韩国地质调查机构隶属于科技部，日本地质调查局隶属于日本综合产业研究院。

世界各国地质调查机构的隶属关系的不同，与各国自己的客观实际以及经济社会发展与地质工作的紧密关系有关。如日本、韩国等国面积不大、资源不丰，故放在科技部；而许多发展中国家更关心其矿业的发展，故放到矿业部门；有的矿业欠发达国家，地质调查机构还承担矿产勘查任务。法国可能因特殊情况，以前其殖民地有矿业开发问题，故与矿业放在一起。值得注意的是，一些国土面积较大的国家，如加拿大、俄罗斯、美国等，都把地质调查机构放入自然资源管理部门或综合性部委，这可能更有利于工作，满足于各方面的需求。

二、地质勘查工作的一般规律

(一) 矿产勘查工作规律

矿产勘查虽然主要服务于矿业发展，但它是地质工作的主体内容和第一要务。因此，矿产勘查必须严格遵循地质工作规律。地质工作规律是指地质工作自身的规律。

原国家总理温家宝曾做出阐述：地质工作是实践、认识、再实践、再认识的反复深化过程。它的特点是科学与技术一体化，调查与研究一体化，野外工作与室内工作一体化，宏观思维与微观认识一体化，多学科综合，多工种集成。按照这样的内在特点开展地质工作，就要综合应用地质、地球物理、地球化学、遥感、实验测试等理论和技术，尤其在新科技革命条件下更应该这样做。我们拥有开创性的勘查地球化学、勘查地球物理的精细应用以及遥感技术的多方位应用等技术优势，加上信息技术的渗入、融合，地质工作综合化的路子必将越走越宽。通过大量的地质资料和相关信息的提取，地质工作者有选择地、有计划地、有步骤地反复进行调查研究，循序渐进地由感性认识逐步上升到理性认识，并不断深化，最后形成客观地质体的概念，深入掌握勘探矿床的地质特性。这就是对客观地质体的认识规律。

(二) 矿产勘查与市场经济规律

矿产勘查虽然探索性很强，具有地质调查研究属性，但它是矿业开发的源头，是经济工作的组成部分。因此，在社会主义市场经济条件下，矿产勘查发展必须遵循市场经济规律。遵循市场经济规律是坚持资源配置市场化，提高资源配置效率的方式和方法。市场经济规律主要是价值规律、竞争规律和供求规律。核心是价值规律，表现为通过价格的变动，及时把市场供求变化信息传递给买者和卖者，使他们做出正确的决策。

(三) 矿产勘查与生产力发展规律

矿产勘查生产关系一定要适应生产力发展的规律，是一切社会形态所共同具有的经济规律。社会主义市场经济条件下的矿产勘查可持续发展，必须牢牢把握矿产勘查生产关系适应矿产勘查生产力发展的规律，高度重视通过不断完善和发展矿产勘查生产关系，积极地反作用于矿产勘查生产力的发展，解放和发展矿产勘查生产力，推动矿产勘查可持续发展。社会主义市场经济条件下的矿产勘查生产关系主要包括由国有地质勘查单位为主体的多种所有制地质勘查单位共同发展的矿产勘查基本经济组织形式。在矿产勘查过程中，矿产要切实遵循矿产勘查生产关系，适应矿产勘查生产力的发展规律，应注重解决如下 3 个问题。

（1）充分发挥国有地质勘查单位在矿产勘查中的主力军作用，坚持深化国有地质勘查单位改革，加强地质勘查队伍建设，提高矿产勘查技术水平和竞争能力。

（2）在矿产勘查活动中，要健全劳动、资本、技术、管理等生产要素按贡献参与分配的制度。

（3）探矿权应主要采用招标方式出让，优选勘查资质等级高、勘查方案好、勘查作业能力强，并有资金保障的地质勘查队伍进行矿产勘查。

三、地质勘查工作的指导原则

地质工作是国民经济建设和社会发展的基础。当前应该把加快能源及重要矿产的调查和前期评价、提高矿产资源调查评价工作程度放在突出地位。同时，要切实加快陆域和海域的基础地质调查，加强地质灾害调查监测预警，开展地质环境和国家重大工程相关基础工程地质调查监测等，为经济社会可持续发展和构建和谐社会提供大量的新的地质资料信息成果。

（一）统筹规划、适度超前

按照以人为本、全面落实科学发展观的要求。面向经济社会发展需求，统筹地质工作部署与经济社会发展需要，统筹地质调查与商业性地质勘查，统筹矿产资源调查评价与环境地质调查，统筹国内地质事业的发展与地质工作对外开放，统筹中央与地方地质工作。充分发挥地质工作的基础性、先行性作用，提前 2~3 个五年规划部署和开展地质工作。

(二) 立足国内、面向全球

地质无国界，科学无国界。必须加大地质勘查对外开放力度，适应经济全球化和资源全球化发展的需要，加强与国外政府和相关地质勘查机构之间的联系，开展地质勘查领域内的广泛国际合作，加强境外能源与非能源重要矿产资源前期调查，为国内企业"走出去"提高资源国内外供给能力。

(三) 突出重点、拓宽领域

立足于地质工作的资源基础、环境基础和工程基础支撑，突出能源与非能源重要矿产调查和重点成矿区 (带) 的矿产调查，加快海域和陆域基础调查步伐。根据经济社会发展需要，积极拓宽地质工作的服务与应用领域。

(四) 创新科技、增强能力

充分发挥我国地质背景的区位优势，突出重大地质理论问题研究，大力推进成矿理论突破，强化矿产勘查关键技术的自主创新。完善地质科技创新体系，推动科研与调查的有机结合，发挥科技进步在地质勘查中的先导作用。加强地质队伍建设和人才培养，推进地质工作信息化建设，加快地质工作现代化步伐。

(五) 完善体制、理顺机制

健全中央和地方政府各负其责、相互协调的地质勘查管理体制。建立健全隶属于中央和省 (自治区、直辖市) 政府管理的两级地质勘查队伍，充分发挥各方面的积极性，促进地质工作投入新机制的形成。加强矿产调查成果资料的及时发布，注重发挥对后续矿产勘查工作的引导和促进作用。

(六) 资源环境并重

传统的国土资源调查是以地质找矿为主的资源型调查。随着人类生存环境的不断恶化，生态环境问题成为全人类关注的重大问题，国土资源调查的工作重点开始逐步转变为既满足矿产供应，又满足土地可持续利用，兼顾环境保护和灾害减轻，有利于公共卫生与安全的资源与环境并重型调查，越来越关注环境问题和社会问题。国土资源调查评价的指导思想由以资源技术评价为主，转变为环境评价、技术评价和经济评价相结合的综合评价。

第二章　勘查区找矿预测基础理论

第一节　成矿作用机制

成矿作用是指成矿物质迁移、集聚、沉淀的作用过程。成矿物质到达集聚地以后，由于物理化学条件（包括温度、压力、酸碱度、氧化还原电位和溶质浓度等）发生突然变化而由流体态变成以矿物为主体的固体态。沉积、火山喷发、岩浆侵入、区域变质和大型变形构造等地质作用是成矿作用发生的前提和必要条件。成矿作用的产物为矿体，地质作用的实物载体为地质体，矿体与成矿地质体在动力学、时间、空间和物质成分等方面有着密切的关系。

一、界面成矿

界面成矿是指由于地质界面的存在，打破了体系内物理化学的平衡，从而导致成矿组分从流体中沉淀并形成矿物的过程。界面的形成和存在是成矿作用重要的外部条件，主要体现在提供了动力的、物理的、化学的外部条件，直接控制了矿体位置。

根据地质界面性质，可将与成矿作用有关的地质界面分为三类：岩性界面、构造界面和物理化学条件转换界面。

(一) 岩性界面

岩性界面指各种岩石类型的接触面或转换面，主要包括：① 不同地质作用形成的不同岩石类型的界面，如沉积岩、变质岩和侵入岩等岩石界面；② 不同物理性质的岩石界面，如沉积岩中的硅质岩与砂板岩之间的界面；③ 不同化学性质的岩石界面，如碳酸盐岩与砂板岩、硅质岩之间的界面等。

(二) 构造界面

构造界面指各种构造作用形成的界面，包括：① 原生构造界面，如沉积岩中的层理面、生物礁、不整合、平行不整合界面，侵入岩体接触面和火山喷发间断面等；② 后生构造界面，如断裂、褶皱、节理、裂隙等。

(三) 物理化学条件转换界面

物理化学条件转换界面指温度、压力、氧化还原电位和酸碱度变换界面。此类界面一般都附生于上述两类界面上，也有独立存在的，如砂岩型铜矿和砂岩型铀矿，矿体主要形成于同一岩性层的氧化还原转换带或转换面。斑岩型铜矿矿体经常形成于酸碱转换面(带)。

三类界面之间具有密切的联系，与成矿作用息息相关。一般来说，岩性界面和构造界面是成矿作用物理化学转换面(带)，而地质体界面既是岩性界面，也是原生构造面。三类界面在空间上复合存在时对成矿作用最为有利。

二、物理化学条件突变成矿

物理化学条件突变成矿是指流体体系的物理化学条件(温度、压力、酸碱度和氧化还原电位的变化)发生突变，从而引起流体中成矿物质达到过饱和或者熔体达到冷却，体系内相应组分转换为固体而形成矿物。体系物理化学条件的突变是成矿作用发生的基本条件，主要发生于各类地质界面，与外部地质作用的变化关系密切。

第二节　成矿元素迁移的相关理论

一、离子电位理论

离子电位为离子电荷与离子半径的比值，是衡量离子呈静电吸引带有相反电荷离子或者排斥带有相同电荷离子的强度标示，对元素的富集、分散以及存在形式有重要的制约作用。离子电位理论可以揭示成矿作用过程中的离子在岩浆和水溶液中的性质、行为及其迁移条件。

离子电位理论是研究成矿元素地球化学行为特征最基础的理论，主要应用于成矿作用特征研究：第一，划分水流体中阳离子酸碱类别；第二，构成成矿地球化学障理论基础；第三，研究元素共伴生组合基本规律；第四，是元素分带重要的理论根据之一；第五，决定了络合物的基本类型。

二、硬软酸碱理论

Pearson 根据 Lewis 酸碱理论和实验观察而提出硬软酸碱理论，把正电荷高、体积小和变形性弱的作为电子对接受者的中心原子 (离子) 称为硬酸，把正电荷低或等于零、体积大、变形性强、有易于被激发的外层电子 (多为 d 电子) 的中心原子 (离子) 称为软酸，把变形性弱、电负性大、难被氧化 (难失去外层电子) 的电子对提供者 (配体) 称为硬碱，把变形性强、电负性小、易被氧化 (易失去外层电子) 的配体称为软碱。硬软酸碱理论指出，硬酸倾向于与硬碱生成离子键相结合，软酸倾向于与软碱结合生成共价键，但硬酸与软碱及软酸与硬碱不能结合，交界酸与软、硬碱都能结合，交界碱与软、硬酸亦都能结合。

硬软酸碱原理决定了金属元素的存在形式。硬 - 硬结合形成各种氧化物、卤化物、碳酸盐、硫酸盐及羟基络合物。硬酸如 W^{6+}、Mo^{6+}、U^{6+}、V^{6+}、Sn^{4+}、REE^{3+}、Fe^{3+} 等与硬碱 F^-、Cl^-、OH^- 等离子形成卤化物络合物。软 - 软结合形成各种硫化物、硫氢化物及硫代硫酸盐络合物。软酸 Cu^+、Ag^+、Au^+、Cd^+、Hg^{2+} 与软碱 S^{2-}、HS^- 等形成各种 HS^-、S^{2-} 络合物。此外，Cl^- 属交界碱，既可以和硬酸又可以和软酸形成 Cl^- 络合物。因此，Au、Ag、Cu、Pb、Zn、Hg 等元素是形成 HS^- 基络合物还是形成 Cl^- 基络合物，主要取决于流体中 Cl^- 和 HS^- 的浓度。高温时的 HS^- 浓度极低，容易形成 Cl^- 基络合物，当 HS^- 浓度增高时，则主要形成 HS^- 基络合物。由此可知，硬软酸碱原理对元素络合物构成严格的约束条件。因此，硬软酸碱理论对研究络合物具有重要意义。

三、络合物理论

目前，络合物常被认为是成矿元素迁移的重要形式，其主要由中心原子或离子(统称中心原子)和围绕它的配位体(简称配体，主要为分子或离子)

组成。

络合物的形成与中心原子和配位体离子半径的大小及携带电荷的数量等参数有关，受离子电位理论和硬软酸碱理论的制约。中心原子和配位体的结合主要有两种方式：一种是通过键能较弱的静电键或离子键相结合，被称为外圈络合物或离子对，如 $NaHCO_3^0$、$CaCO_3^0$、$CaHCO_3^+$ 等；另一种是通过键能较强的共价键相结合，称为内圈络合物，如 HCO_3^-、AgS^-、HgI^-、$CdHS^-$、UOH_3^+ 等。因此，阳离子的离子电位越大，金属阳离子与配体阴离子负电性差越小，则络合物越稳定。

第三节　成矿地球化学障

一、地球化学障的概念和分类

在元素迁移途中，如果环境的物理化学条件发生了急剧变化，导致介质中稳定迁移元素的迁移能力下降，元素因形成大量化合物而沉淀，则这些引起元素沉淀的条件或因素就称为地球化学障。在流体成矿作用过程中，地球化学障对成矿起到了关键性作用。地球化学障的空间位置就是沉积金属矿物的富集沉淀区，主要为氧化 - 还原界面及酸碱度急剧变化的界面。根据物理化学条件的类型，地球化学障可分为：降温减压障、酸碱度转换障和氧化还原障等。在地质上它们以各种不同的形式出现，主要以各种成矿结构面的方式存在。

二、地球化学障的识别

非岩浆流体成矿作用主要通过岩性成分、岩石颜色、矿物沉积岩（如膏盐建造等）来判别地球化学障的空间位置。与岩浆有关的热液成矿作用主要通过反映物理化学环境变化的标志矿物（即蚀变矿物）来判断热液地球化学障的存在。

（1）碱性环境。花岗岩类的钾长石化、钠长石化，酸性火山岩的沸石化，碳酸盐岩类的铁白云石化、白云岩化、碳酸盐化。

（2）酸性环境。花岗质岩类的次生石英岩化、高岭石化、蛋白石化，酸性火山岩的叶蜡石化、明矾石化，基性岩类的黑云母化。

（3）中性环境。云母化、硅化、绿泥石化、绿帘石化、伊利石化、水云母化。

（3）氧化环境。赤铁矿化。

（4）还原环境。黄铁矿等。

用流体包裹体成分和稳定同位素的方法可以推算流体的 pH、E_h，但目前对地球化学障的识别，除了温度可以采用流体包裹体测定方法，压力测定和 pH、E_h 换算尚无精确的方法，建议可采用交代矿物生成关系的方法定性估算 pH、E_h 的变化。

三、建立成矿作用特征标志的理论依据

研究地球化学障的根本目的是总结各类矿床的地球化学特征标志。通过大量具体矿床成矿作用流体迁移和沉淀的地球化学标志研究，总结其矿物学标志及其他相关标志（包括流体包裹体、矿物化学成分、微量元素、元素电价等）。通过络合物成分的反演推断，进一步筛选反映成矿作用的标型标志，作为厘定已知矿床和预测隐伏、半隐伏矿床的基本依据。

第四节　流体及超临界流体

一、流体的种类及特征

元素的丰度及其分布规律决定了元素地球化学迁移最主要的两大体系是水溶液和硅酸盐熔体。据统计，世界上绝大多数巨型 - 超巨型热液矿床以水为主要的迁移溶剂。地壳中水的类型可以分为五类，以深度增加的顺序排列分别为大气降水、海水、同生水、变质水和岩浆水。

（一）大气降水

大气降水指通过降雨或从静水或流动地表水渗透进入上地壳的地下水，存在于近地表岩石和土壤的间隙孔隙空间。大气降水可以沿着地壳中的深断裂向下渗透，造成地壳尺度上广泛发育的水循环。当经过深循环，温度达到

300℃时，地下水流体将富含各种成矿元素，成为重要的含矿介质。大气降水是许多热液矿床形成的流体来源，特别与那些在相对低的温度下迁移和沉淀矿床的形成有关，如砂岩容矿矿床和表生铀矿等。

（二）海水

海洋覆盖了地表约70%的面积，含有地球表面约98%的自由水。海水中主要溶解组分是 Na^+、K^+、Ca^{2+}、Mg^{2+} 和阴离子 Cl^-、HCO_3^- 和 SO_4^{2-}，盐度为0.18% ~ 7.3%。海水与洋壳发生广泛的对流循环，是洋壳广泛蚀变和金属不均匀分布产生的原因。海水沿与大洋中脊有关的主要断裂下渗，经深循环后从喷气孔或"黑烟囱"涌出，成为中高温的成矿流体，形成了海底火山岩容矿的块状硫化物矿床。

（三）同生水

同生水，指与地层同时存在的水，即在沉积物深埋、压实过程中封存于地层中的水，又被称为地层水或建造水。同生水化学组成特征包括：

（1）总溶解固体比海水高出1个数量级。

（2）除 SO_4^{2-} 外，大多数元素及组分含量均高于海水。

（3）同生水含有许多成矿元素，如 Pb、Zn、Fe、Ba 等，其含量比海水高出几个数量级。

（4）油田卤水作为同生水的一种，其绝大部分的总溶解固体超过海水，且 SO_4^{2-} 明显降低1 ~ 2个数量级。同生水的温度很少能够高于200℃，其盐度变化范围较大，从浅部大气降水的百万分之几到富含蒸发盐盆地的约60‰。

（四）变质水

在变质作用过程中，含水硅酸盐和碳酸盐矿物通过脱水和脱二氧化碳反应所产生的水被称为变质水。变质流体的温度一般可以覆盖整个变质作用的温度范围。其中，中温热液矿床变质流体的温度为200 ~ 450℃，而麻粒岩相可以达到700℃以上。在低级到中级变质岩区，变质流体组成以 H_2O、CO_2 和 CH_4 为主。高级变质岩区形成的变质流体以 CO_2 为主，伴有少量

H_2O 和 CH_4。变质流体一般具有较低的盐度（<5%），高盐度流体可能见于蒸发岩的变质岩中。与变质岩平衡或在变质作用中脱水形成的水，同位素组成变化范围较宽。

(五) 初生水与岩浆水

初生水指来自地幔，与超基性岩平衡的且从未与水圈相遇过的水。岩浆水是指与高温岩浆处于热力学平衡的水，具有高温和高盐度的特点。岩浆水温度一般大于 400℃，而盐度变化范围很大。一般来说，次生岩浆流体盐度范围高于原生岩浆流体。岩浆水属 $NaCl-CO_2-H_2O$ 三元体系，其同位素组成与原始幔源岩浆相似。除水外，岩浆水中还包括氯、硫、氟等挥发分和金属元素。

地壳中不同热液系统和不同类型矿床成矿流体的温度 - 盐度图表示了五类流体温度和盐度的变化范围。从岩浆水→变质水→海水→盆地水→大气降水，温度逐渐降低，从岩浆水→盆地水→海水→变质水→大气降水，盐度逐渐降低。表明成矿流体或为高温或为高盐度，二者必居其一，岩浆水则兼具高温和高盐度的特征。

二、水岩分离过程

(一) 沉积成岩作用过程中的水岩分离

沉积物中的水主要赋存于孔隙、含水矿物以及有机物中。其中，孔隙水主要包括沉积时被封存的水、成岩化学反应时产生或交换的水，以及经区域性流体的流动从盆地外面带入的水。此外，组成沉积物的一些黏土矿物、石膏和有机物等也含有一定的水。因此，沉积成岩作用过程中的水岩分离主要表现为温度和压力作用导致孔隙水的释出和黏土矿物、石膏以及有机物发生脱水反应。

(二) 中酸性岩浆作用过程中的水岩分离

实验证明，H_2O 可以溶解于硅酸盐熔体中，表现为 H_2O 在硅酸盐熔体中时以 OH^- 的形式代替 [（Al，Si）O_4] 四面体的桥氧键（O^{2-}）而进入岩浆中。

岩浆中的水达到饱和是中酸性岩浆作用过程中发生水岩分离的前提。一般来说，岩浆冷却、结晶作用以及环境压力的降低可导致岩浆中的水达到饱和状态，并从岩浆中分离出来。

岩浆中的水达到饱和与压力关系密切，主要表现为两种情况：一种主要发生于高侵位浅成侵入体系，即当岩浆上升侵入或岩浆房力学破裂等造成体系压力降低时，造成蒸气饱和（第一类沸腾）。与深成岩浆相比，浅成高侵位岩浆更容易达到水饱和，而且其达到水饱和需要的初始水含量低于深侵位岩浆体系。另一种情况主要发生于富含 F、B、P 等挥发组分的深侵位岩浆体系，即富含 H_2O、F、B、Cl 的熔浆在等压条件下，由于主要无水矿物持续结晶形成富水残余熔体混合物，从而造成体系中水流体相达到饱和（第二类沸腾）。

除沸腾与压力具有强相关之外，流体饱和也是初始熔体含水量的函数。因此，结合压力、初始熔体含水量与岩浆水饱和之间的关系可知，初始水含量相同，侵位到地壳浅部的岩浆达到水饱和要求的结晶程度低于侵位到深部的岩浆；岩浆组成相同，侵位到地壳浅部的岩浆达到水饱和需要的初始水含量低于侵位到地壳深部的岩浆；与深成岩浆相比，浅成高位岩浆更容易达到水饱和，更容易出溶水溶液。

此外，在水岩分离的过程中，氯和硫等挥发分也在一定条件下进入岩浆流体相。氯从岩浆熔体中出溶主要通过与 OH^- 反应，形成 HCl 而进入岩浆水相中，成为岩浆水相的重要成分。硫在花岗闪长质熔体中以 SO_2 的形式出溶，并被搬运到岩浆系统上部温度较低的部位，当温度完全降低到饱含水的固相线以下时，SO_2 便发生水解。

（三）变质作用过程中的水岩分离

变质热液是在变质作用过程中形成的，主要由 H_2O 和 CO_2 组成，有时还包括 F、Cl、B 等。一般来说，变质热液主要来源于变质岩石本身，往往随着变质程度的增高，原岩中的水逐渐形成变质热液排出。

三、超临界流体——一种特殊状态的流体

当纯水的温度和压强升高到临界点以上时，就处于一种既不同于气态，

也不同于液态和固态的新的流体态——超临界态，该状态的水即称为超临界水。研究表明，超临界流体具有最大的热容、最低的密度（水的浮力上升和传输热的能力最大）、最低的黏度、最大热膨胀率和热压缩率比值（随温度增大，单位面积压力达到最大）。

随着温度/压力接近临界点，水的自电离或离子积的对数值和相对静介电常数都发生很大改变。水的介电常数随温度升高而降低，静电引力则与介电常数成反比。因此，随着高温下介电常数的降低，离子的静电相互作用增强，超临界流体中的金属元素与 F^-、OH^- 和 Cl^- 等硬碱和交界碱配位体结合的络合物更趋稳定，成矿物质溶解度大幅增加，更有利于围岩中成矿物质的萃取和成矿物质的迁移。

四、流体的运移

（一）构造–流体动力学

断层阀模式合理地阐述了脆、韧性转换带的断层活动机制，主要内容为破裂前、地震破裂、破裂后流体充填、自愈合作用和再循环。总体过程可简要概述为：当流体压力超过静岩负载时，导致围岩形成陡直的剪切破裂和渗透性裂隙；流体沿裂隙运移发生充填作用使得剪裂隙逐渐愈合，渗透率逐渐降低；破裂愈合之后，流体压力和剪应力再次发生积聚，进入下一个循环。

由于静岩压力与静水压力的差值约为 17MPa/km，所以在地下约 10km 处因断层地震破裂引起的流体压力降低是非常大的，而压力的降低使得成矿流体中的成矿物质发生结晶沉淀作用，如含金石英脉结晶形成。因此，成矿流体内压力骤降是导致石英及其他矿物和成矿物质溶解度降低而沉淀结晶的重要因素。

（二）渗滤交代动力学

渗滤交代主要指流体沿着岩石中的微裂隙呈弥散状移动，一般由高温高压向降温减压方向移动。超临界流体则造成由深部向上运动的总趋势，从而造成高位小岩体成矿的现象。

1. 流体在岩石中的流动方式

流体在岩石中可以通过孔隙流动，也可以通过断裂流动。前者在多孔介质中低速流动，主要以层流的方式进行；后者近似视为光滑平行平板间的层流。

2. 流体运动的驱动机制

流体发生运动的驱动机制主要包括重力驱动、压力梯度驱动、热力驱动、热液流体驱动和构造应力驱动。

3. 流体运动的渠道化

尽管高孔隙度、高断裂密度的岩石能够提供大量存储流体的空间，而只有渠道化的或连通性的断裂（孔隙）才能成为流体流动的通道。根据连通情况可将裂隙和孔隙划分为三类：主干断裂（孔隙）、末梢断裂（孔隙）和孤立断裂（孔隙）。

4. 流体流动的多次性

在连通的断裂或孔隙通道形成后，由于间粒胶结、固结等作用，以及热液矿物沉淀充填，热膨胀导致的自封闭、自愈合作用都会使得张开的通道发生封闭，可渗透的介质变得不可渗透。而再次变形或封闭环境的流体增压又会引起新一轮连通断裂或孔隙的产生。一个矿床的断裂（孔隙）系统的活动往往具有反复性，流体流动具有多次性，这也是形成大规模矿床的重要因素。

五、流体与成矿作用的关系

热液矿床的形成不仅与地壳中大体积流体的产生密切相关，也与其流体通过地壳循环和聚焦进入变形过程中形成的构造通道（剪切带、角砾岩等）的能力密切相关。热液流体溶解金属的能力提供了成矿组分在流体介质中集聚的途径，热液流体的温度和组成（特别是能与不同金属形成络合物的配位体存在与否以及它们的丰度如何）与 pH 等因素共同控制了流体的金属携带和迁移能力。

自然界有两大类流体：硅酸盐熔体和热液流体，其中热水溶液是最为重要的成矿流体。以下的流体除特别标明外，都指的是热水溶液流体。

热水溶液简称热液，是一种热的（50~500℃）含有包括主要组分 Na、K、Ca、Cl 和 微 量 组 分 Mg、B、S、Sr、CO_2、H_2S、NH_3、Cu、Pb、Zn、

Sn、Mo、Ag、Au 等元素的含水溶液。在成矿元素浓度达到成矿所需的最低浓度后，大气降水、海水、同生水、变质水和岩浆水五类地壳流体都可能成为成矿流体。

(一) 成矿流体中金属的浓度

大量研究表明，流体在不同地质环境之间存在系统差异，而在特定环境或矿床类型内部流体特征存在惊人的一致性。学者们曾经认为成矿流体中的金属浓度很低。实验研究表明，与 Cu、Pb、Zn 矿床相比，Au、Ag 矿床成矿热液的金属浓度较低，为 $1 \times 10^{-9} \sim 1 \times 10^{-6}$；贱金属矿床中，块状硫化物矿床成矿流体的金属浓度较低、变化范围较小；斑岩矿床、矽卡岩以及脉型矿床成矿流体金属含量更高，变化范围也更大，为十万分之几至千分之几。此外，对不同地质环境水溶液中的 Cu 浓度开展研究显示，成矿流体中金属的浓度比曾经所认为的要高得多，说明成矿流体具有强大的金属运移能力。

(二) 地壳流体的成矿潜力

研究表明，在影响热液金属浓度的主要变量中，温度和氯化物浓度是独立变量，皆与金属浓度成正比。因此，炽热的高盐度流体是最有成矿潜力的地壳流体。一般来说，地壳流体中最具成矿潜力的流体主要有两类：一是体量有限但金属浓度极高的岩浆卤水；二是聚焦在沉淀位置上，金属浓度不高但体量巨大的建造卤水。

(三) 具有高金属浓度的地壳流体与成矿富集的关系

由于金属的最终富集受到多种因素的影响，所以尽管成矿流体中溶解的金属含量足够高，但不一定就能形成高品位和大规模的金属富集。研究认为，矿床形成最重要的过程 (作用) 是聚焦流体流动和有效的金属沉淀，而流体的化学组成和流体的聚焦流动是导致大型矿床形成的重要约束条件。由于形成矿床的金属只能在大体积流体集中沉淀于小体积岩石内才能形成经济矿床，因此流体聚焦作用是岩浆热液矿床形成的关键过程。此外，在流体聚焦作用过程中，环境的物理化学条件突变导致大量金属沉淀也是成矿富集的重要因素。

六、中酸性岩浆－热液体系与成矿作用

中酸性岩浆体系主要包括花岗质岩浆及与其成分相对应的火山岩岩浆。与中酸性岩浆期后热液有关的金属元素成矿作用相当广泛，与之有关的矿床包括 Li、Be、Nb、Ta、REE、Cu、Zn、Pb、Fe、As、Bi、Au、Ag、Mo、W、Sn、U 等，矿床类型包括与深成侵入岩有关的热液脉型、云英岩型、伟晶岩型、斑岩型、矽卡岩型、低温热液型(高硫化型和低硫化型)以及块状硫化物型等。

与中酸性岩作用有关的成矿流体包括岩浆－热液过渡阶段硅酸盐熔融体及其分异的流体，以及中酸性岩浆体系在侵入或喷发过程中由于温压下降或结晶作用从熔体中出溶形成的热水成矿溶液。中酸性岩浆体系主要提供热源和部分矿质或成矿热液，其提供的热源驱动地下水淋滤、萃取围岩中的成矿物质而形成的地下水含矿热液。

(一) 挥发分、不混溶等与成矿作用的关系

1. 岩浆－热液体系中 CO_2 的作用

(1) 岩浆中富 CO_2 气体挥发分的出溶及存在可延迟岩浆的结晶分异过程，促进岩浆体系中水到达过饱和而出溶，即二次沸腾的发生。

(2) 热液体系中 CO_2 的存在有利于促进流体的相分离，促使热液分离成气相和高盐度卤水相，并导致金属元素从热液中沉淀。

(3) CO_2 的去气作用提高成矿流体的碱度，促使热液中金属元素的沉淀。

2. 岩浆热液的不混溶

岩浆热液的不混溶是指岩浆热液在压力、温度降低或溶解 CO_2 时，将分离成高盐度、高密度的液相和低密度、低盐度的气相，造成元素在高盐度流体相和低盐度近纯水相的分配差异，对成矿具有重要意义。

3. 伟晶岩及相关矿床成因

研究表明，伟晶岩不仅可以形成于水饱和的岩浆体系中，还可以在水亚饱和、低于液相线温度的过冷却花岗质岩浆体系中结晶形成。实验研究结果表明，低于液相线温度的花岗质岩浆发生快速冷却，可延迟岩浆的结晶作用，使岩浆持续处于亚稳定状态，并导致岩浆的非平衡结晶。此外，岩浆中B、F 和 P 的存在可降低花岗质岩浆液相线温度以及水和熔体的不混溶范围，

促进伟晶岩的形成。

（二）金属元素在气体相、流体相、熔体相中的分配

随着矿物的结晶和挥发分的出溶，均一的熔体将形成晶体相、热水热液相和残余熔体相。伴随这一过程，金属元素必然在三相中进行分配。研究表明，金属元素在各相中的分配行为受熔体成分、热液成分及阴离子浓度、氧逸度、温度、pH 等因素影响。Pokrovski 等根据元素的分配系数及其地球化学行为将元素分为五组，分别为半金属元素（B、As、Sb）、Mo、亲铜元素（Cu、Au，Ag、Pt）、贱金属（Pb、Zn、Fe）和亲石元素（Na、K、REE），并对其在各相中的分配行为进行了系统总结。

1. 半金属元素（B、As、Sb）

该组元素分配系数的变化可能与熔体成分和热液中挥发分浓度（如 HCl、S、CO_2）有关。在一定条件下，B 优先分配至气相。在流体 - 熔体体系中，B（OH）$_3$ 和 As（OH）$_3$ 是热液中 B 和 As 的主要络合物形式，所以 B 和 As 的分配系数不受热液盐度的控制，而与熔体中的中性氢氧根络合物有关。Sb 的分配系数则可能与热液中存在高浓度的 HCl 有关。

2. 钼（Mo）

Mo 的分配系数与热液中 Cl 和 F 浓度存在着较弱的相关性，且随 Cl 浓度增加，分配系数降低。Mo 在岩浆热液中主要形成钼酸根阴离子，其溶解度随 pH 增加而降低。随压力增大，Mo 优先分配于热水溶液中。部分研究表明，Mo 优先分配于富含碳酸盐的热液中，但机制尚不清楚。Mo 的分配系数还可以随熔体 SiO_2 含量增加和铝指数的降低而增加。此外，热液中硫的存在将促进 Mo 在气体或热液中分配。

3. 亲铜元素（Cu、Au、Ag、Pt）

该组元素强烈地分配于热液中，分配系数主要受热液中 Cl 和 S 的浓度控制，其次为熔体成分和热液中碳酸盐的浓度。

（1）铜（Cu）。热液 - 熔体的分配系数高于蒸气 - 熔体的分配系数，前者与溶液中的 Cl⁻ 浓度值呈正相关。硫的存在对铜的分配行为影响不显著。

（2）金（Au）。与铜相似，金的热液 - 熔体分配系数随着热液中 HCl 浓度的升高而增加。与热液 - 熔体分配系数相比，金的蒸气 - 熔体分配系数较

低，且与压力成正比。

（3）银（Ag）。与铜、金相比，银在气相和流体相中的分配能力相对更弱，但相对更倾向于分配至流体相，与流体中 Cl 的含量成正比。

（4）贱金属（Pb、Zn、Fe）。相对于熔体，这些元素对热水溶液表现出中等程度的亲和性。它们的热液 - 熔体分配系数主要与热液中的盐度有关，其次与熔体的成分有关。其中，热液 - 熔体分配系数与热液中的 Cl 含量和铝指数 ASI 成正比。热液酸度的增加亦有利于 Pb、Zn 分配至流体相中。

（5）亲石元素（Na、K、REE）。流体 - 熔体分配系数与热液 Cl 或 HCl 浓度成正比。相比于气相，稀土元素更倾向分配于盐水溶液中。此外，熔体的铝指数 ASI 和聚合度的升高亦能够使稀土元素更趋向分配于流体相。氟化物浓度对稀土元素的分配也具有一定的影响，由于 F 强烈分配于熔体中，因此热液中氟化物浓度的增加对稀土元素的流体 - 熔体分配系数影响不大。

第五节　热液矿床成矿物质沉淀机制

一、影响成矿物质沉淀的内因和外因

内因主要为元素自身的物理化学性质，包括原子的电子构型、原子大小和离子半径、电离能和电负性、配位法则、离子电位、酸碱性等，以及该元素与其他元素结合的基本规律（元素亲和性、成键规律、能量参数、络合作用、分配系数等）。

外因主要为沉积、火山喷发、岩浆侵入、区域变质、构造活动以及风化作用等地质作用过程，所导致的体系温度、压力、酸碱度、氧化还原电位、组分数、浓度及相态等外在因素的变化而使成矿物质沉淀。

下面简要介绍几种影响成矿物质沉淀的外在因素。

（一）温度

温度的降低以三种方式引起沉淀：

（1）通过对硫化物矿物和氧化物矿物溶度积的影响。

（2）通过对搬运金属络离子的形成和稳定性的影响。

(3) 通过对与形成络离子有关的配位体 (如 Cl⁻) 的水解常数的影响。

研究表明，热水溶液中温度的降低主要有三种途径：① 上升溶液与冷的地表附近的水体相混合；② 近地表流体的压力从静岩压力到静水压力在短距离内发生变化时；③ 围岩对流体的冷却作用。

(二) 压力

压力的变化引起矿质沉淀主要有两种途径：

(1) 引起成矿物质溶解度的变化。

(2) 使热水溶液沸腾、残余液相中溶质浓度升高并导致金属沉淀。一般来说，压力对热液中成矿物质溶解度的间接作用表现为压力下降，溶液的电离分解降低，提高其碱度使 pH 增大，因而控制了物质沉淀。

(三) 移动的溶液与通道壁岩石之间的反应

移动的溶液与通道壁岩石之间的化学反应很可能是沉淀的一个主要原因。此类反应共有三种方式导致成矿物质发生沉淀。

(1) 溶液中的氢离子与围岩发生交换反应。热水溶液的化学性质表明，它们大多数是弱酸性。因此，从溶液中消耗掉氢离子就容易降低氯化物络合物的稳定性，并导致硫化物矿物的沉淀。最常见的氢离子消耗反应是：① 碳酸盐的溶解；② 长石和镁铁矿物水解形成云母和黏土矿物。

(2) 在反应过程中，围岩向溶液提供某种组分，导致成矿物质沉淀。如围岩中的还原性 H_2S 或黄铁矿中的 S 可使流体中的硫化物矿物发生沉淀。

(3) 改变溶液的氧化状态，从而改变某些变价金属 (如铜、铀和钒) 的化合价，或者改变络离子的稳定性，导致成矿物质沉淀。

(四) 流体混合

流体混合作用以降温效率高、化学反应强、物理化学条件和组分浓度变化显著为特点，被认为是一种高效的成矿作用。流体混合引起矿质沉淀的机理主要包括冷却效应、稀释效应、酸碱条件变化、氧化还原条件变化和体系化学组成的变化，以降低络离子的稳定性而使成矿物质发生沉淀。

（五）溶液的 pH

溶液 pH 的变化一方面使络合物发生水解反应导致溶液中沉淀出难溶的氢氧化物和氧化物；另一方面，溶液 pH 的变化超出热水溶液中金属简单离子或络离子的稳定 pH 范围，就会导致这些简单离子和络离子发生沉淀。

二、金属矿物－硫化物的沉淀机制

（1）一般认为，导致金属矿物-硫化物的沉淀因素主要包括：① 冷却；② 形成络合物配位体的活度降低；③ S 浓度增加；④ 流体混合。压力在离子成矿溶液中只有很小的局部影响，而压力减小引起的成矿溶液节流和沸腾对热液成分的影响可以包括在作用 ② 和作用 ③ 的部分影响之内。

（2）氯化物络合物的沉淀。根据弱酸性溶液中金属氯化物络合物沉淀的反应式可知，增加 H_2S 的浓度、增大 pH、降低氯化物的浓度和降低温度是影响氯化物络合物沉淀的重要因素。其中，效应最大的因素是硫化物的加入或 pH 的增大，其次为稀释或冷却。

（3）硫化物络合物的沉淀。由硫化物络合物沉淀的反应式可知，降低 S^{2-} 活度、增加氧逸度、降低热液的 pH、稀释作用、温度降低及压力降低对于硫化物络合物沉淀具有重要作用。

三、含矿溶液的交代作用与充填作用

（一）交代作用

交代作用是指早期形成的矿物或岩石，在后期不同的物理化学溶液体系影响下，由于化学平衡条件的改变，使原来的矿物或岩石发生物质组分的带入或带出，发生一系列旧物质被新物质取代的作用。交代作用可分为渗滤交代和扩散交代作用。其中，渗滤交代的组分或物质的带入和带出是依靠溶液的流动，而扩散交代是由组分浓度差（浓度梯度）引起的。

交代作用的特点是：

（1）溶解和沉淀几乎是同时进行的。

（2）交代作用是成矿溶液对固体岩石直接发生作用，因此有时可以保存原来岩石的结构构造。

（3）交代作用通常是受等体积定律支配的，也就是说，交代作用过程中一般不发生体积的改变。

决定交代作用的因素，也就是热力学的平衡因素，如温度、压力、溶液和岩石化学组分的性质、组分的浓度和活度等。至于交代作用的范围和深度，则往往是由岩石中裂隙、孔隙等发育的程度，作用时间的长短，热液的通量，以及岩石的稳定性等所决定的。

（二）充填作用

充填作用是指含矿气水热液在化学性质不活泼的围岩中流动时，由于气液的物理化学条件的改变，使其中的成矿物质直接沉淀于各种裂隙、孔洞中，与围岩之间没有明显化学反应和物质交换的作用。

交代矿体与充填矿体的区别标志有：① 不规则的弯曲接触形态；② 有未被交代的岩石残余；③ 在热液矿物中保存有被交代岩石对交代作用稳定的个别矿物；④ 在重新沉淀的热液物质中"透露出"被交代岩石的构造；⑤ 缺少梳状构造和皮壳状构造；⑥ 交代作用时向各方面生长全形晶，而在孔洞充填时则只能从两壁生长。

四、富矿的形成机制

（一）热液中金属的有效浓度

陈骏和王鹤年提出，可以把 10×10^{-6} 或 1×10^{-4} mol/kg 看作溶液中重金属（Fe、Cu，Pb、Zn 等）含量的有效范围，过低对于成矿没有实际意义，过高则会由于过饱和而在到达成矿地点前就发生沉淀。对于稀有金属和贵金属来说，其在成矿溶液中的含量则相对较低，如 Au 的最低含量约为 1×10^{-9}，Ag 的最低含量为 10×10^{-9}，Hg 的最低含量为几十个 ppb。

（二）有效的矿质沉淀机制

与单纯的降温和减压作用相比，流体的混合作用和热液蚀变作用是引起成矿物质大规模沉淀的最有效机制。其中，大气降水和岩浆水的混合作用具有反应速度快、影响范围大、持续时间长的特点，是形成大型 - 超大型矿床的重要机制之一。混合作用一方面使成矿流体降温造成矿物的沉淀，另一方面通过稀释成矿流体造成热液系统的配位基浓度降低，使硫化物发生沉淀。此外，流体的混合作用还可以通过提高氧逸度和 pH，产生氧化还原作用以及导致流体的不混溶作用引起矿石的沉淀。

(三) 其他因素

多期叠加成矿也被认为是富矿形成的另一种重要机制，主要包括：

(1) 同期多阶段热液作用叠加。

(2) 不同期次成矿作用叠加。然而也有学者认为叠加致富不是富矿形成的普遍规律，富矿床多为一个成矿阶段或主要为一个成矿阶段形成的。

五、脉状矿体贫富和构造活动的关系

脉状矿体经常出现同一构造体系的多次叠加活动和不同构造体系的同空间叠加活动，由此形成压、扭、张交替活动的现象，一般张、压同空间交替活动形成富矿。脉状矿床的成矿作用与岩石经受构造变形以致破坏产生的断裂裂隙有关。不同的岩石构造环境中有不同的含矿断裂裂隙构造型式，并控制了矿床的产状、形态与分布。在矿床构造研究中已注意了成矿前、成矿期和成矿后构造的区分。成矿前的构造可以为成矿作用所利用，成矿期间的构造与含矿溶液活动的配合对成矿作用最为有利，这两种构造既可作为溶液活动的通道，又可提供矿石沉淀的空间。成矿后的构造则主要是导致矿体的破坏。

第六节　成矿物质来源及成矿能量

一、成矿物质来源

大量研究表明，成矿物质来源主要包括地幔岩浆体系、地壳岩石重熔形成的花岗质岩浆体系、地壳内部固体岩石 (矿石)、地表岩石 (矿石)、宇宙空间等。然而对某一 (类) 具体矿床而言，矿质往往不是单一来源，而更多

是多种矿质来源的叠加和混合，目前多数矿床地质学家普遍接受矿质多来源、多成因、多阶段成矿论点。

二、成矿热源

目前认为成矿热源主要有大地热流（大地热流密度）、岩浆热、放射性热、构造热、撞击热、化学反应热。

（1）大地热流（大地热流密度），指在单位时间内由地下直接从地球内部（下部地壳及地幔）垂直向上传导到地壳浅部的热量。

（2）岩浆热，指岩浆熔体冷凝结晶过程中所释放的热量，主要直接来自浅部的岩浆或岩体。

（3）放射性热，是放射性核素在衰变过程中放出的各种能量的射线与周围物质作用产生的热，是地球最主要的热源。各类岩石特别是燕山期重熔花岗岩含有较高的铀、钍和钾，具有较高的放射性生热率，所产生的放射性热量可以满足热液矿床形成的温度范围，是部分后生热液矿床的有利热源。

（4）构造热，指岩石在挤压、摩擦、变形等构造作用过程中，机械能等形式的热量转化为热能。构造热能使深部物质熔融形成岩体，产生流体，活化、溶解岩石中的矿质组分，驱动成矿热液运移，导致矿化的发生，同时控制流体的流向及流体聚集定位，导致成矿流体的沸腾，引起流体沉淀卸载成矿。

（5）撞击热，主要指陨石撞击所产生的巨大热能，如加拿大的肖德贝里铜镍硫化物矿床。

（6）化学反应热，指天然水淋滤成矿的热源来自成矿过程矿物的蚀变和矿物定位生成时的放热效应。

三、成矿动力源

热液流动的原因受多种因素的控制，主要有以下几种情况。

（一）重力驱动

重力驱动指在一定的深度范围内，当岩石的渗透率较高时，热液流体可以在重力驱动下向深部渗流；也可以受地表地形的控制，从重力位能高处向重力位能低处流动。盆地流体的活动主要受重力驱动，而一些形成深度浅的低温热液矿床以及一些层控矿床在热液叠加改造阶段也会出现这类流动。

（二）压力梯度驱动

在地下深处温度梯度小而较封闭的裂隙系统中，压力差常引起热液自深部向浅部运动。

（三）热力驱动

在有岩浆侵入体或其他异常热源存在的条件下，异常的温度梯度和较高的孔隙度可驱动热液流体形成对流。

（四）构造应力驱动

挤压紧闭而局部拉张减薄的构造环境能促进流体运移和有利于成矿。构造运动或水压破裂形成时，裂隙系统内会瞬时形成压力极低状态，围岩孔隙中承受静岩压力的流体会向裂隙集中，这种流动也是压力差驱使的。关于流体运移与断裂构造活动之间的关系，Sibson 提出了泵吸模式（suction pump）和断层阀模式（fault valve）进行解释。

（五）成矿流体的内力驱动

从岩浆系统出溶的成矿流体常处于高温高压条件下。当其上升到地壳浅部时，流体内压高于围岩压力，驱动流体向压力降低的方向（如构造薄弱带、接触带）移动。

第七节　成矿速度与深度

一、成矿速度

由于缺乏有效的研究手段，对形成热液矿床所需时间的认识很不一致。一般认为，成矿作用的持续时间范围可从数千年到几十百万年。

根据锆石测定的花岗岩岩体年龄可以理解为液态岩浆侵位的年龄，也是岩浆成岩作用和岩体热效应作用的起始年龄，岩浆热液成因的辉钼矿Re-Os年龄值代表岩浆热液成矿作用的年龄，因此两者年龄差理论上反映了成矿作用开始和辉钼矿成矿作用结束的最小矿岩时差。根据曾庆栋对中国斑岩钼矿成岩成矿的年龄统计，矿岩时差一般为1~3Ma。据此可粗略推断岩浆-热液系统矿岩时差至少为1~3Ma。由于同位素年龄分析误差大（一般大于±1Ma），实际上对这一问题的研究极其困难。

二、成矿深度

（一）矿床就位深度

1. 与成矿深度有关的概念

一般来说，矿床形成（金属沉淀）的总深度范围是指垂向上最上部矿体顶界直到最深处矿体的底界，即该矿床标型金属矿物按温度已不能沉淀的深度。舍赫特曼等提出了有关成矿深度的6个概念：矿源深度、成矿作用深度、最大成矿深度、最小成矿深度、金属沉淀总垂直范围或矿床的最大延深空间以及单一矿体垂直范围。成矿深度通常是根据研究出露或矿井深处的矿体，推断现有矿体（床）形成时距古地表的深度。由于矿床（体）剥蚀程度不同，出露矿体大多是整个垂向空间矿床的浅部、中部或下部。若将这一成矿深度假定为成矿时的中部，该深度大致为最大成矿深度的1/2，即矿床（体）延深的中间部位深度，可以称为中位深度。该深度向上延深至矿体顶界，向下垂向延深至矿体底界。矿体顶界与底界的垂向间距称为矿床金属沉淀的总垂直范围或矿床的最大延深空间。

2. 热液矿床成矿深度的估算方法

确定成矿深度的方法可分为定性和定量两种方法。其中，定性方法包括地层或地质重建、岩石的物理性质法以及岩浆侵位深度法等，定量方法包括矿物平衡地质压力计和流体包裹体等方法。

（1）地质重建法。地质重建法指根据矿床上覆的围岩或与之有关的岩浆侵入体进行直接地层或地质深度重建，主要适用于中新生代矿床，不能用于形成于前寒武纪的矿床。对于与岩浆侵入作用有关的成矿作用，可根据岩浆侵位深度确定成矿深度。一般可根据岩体的结构构造等特征初步判断岩体侵位深度。高位或次火山花岗岩形成于 0.5~4km（0.1~1.0kbar）深度，特征为：① 斜长石颗粒发育震荡分带；② 晶洞构造；③ 斜长石变为钾长石和石英以及角闪石变为黑云母的钾化作用；④ 与地层的不整合侵入关系；⑤ 冷凝边；⑥ 斑状岩墙；⑦ 文象斑状结构；⑧ 共成因的火山岩；⑨ 与热液矿床伴生流体包裹体的沸腾现象；⑩ 角砾岩、多期次断裂以及节理等。深成侵入体特征：① 不发育冷凝边；② 没有叶理化；③ 缺乏斑状相；④ 粗粒结构；⑤ 与围岩呈不整合侵入关系；⑥ 没有结晶后的蚀变现象；⑦ 伟晶岩岩墙发育；⑧ 混合岩化；⑨ 高级变质的主岩。

（2）矿物平衡地质压力计方法。此方法主要是根据花岗质岩石中的矿物组合及矿物成分对岩浆结晶压力进行估算，代表性方法包括黑云母全铝压力计公式以及角闪石压力计公式等。关于矿物地质压力计的文献已有多部著述，如 *Bohlen and Lindsley*，Essene 及美国矿物学会主编的 *Reviewsin Mineralogy &Geochemistry* 上关于火山和岩浆体系地质温度计和压力计研究的论文。

（3）流体和 / 或熔体。流体和 / 或熔体包裹体能够提供岩浆演化不同阶段的温度压力信息。目前，流体包裹体测定压力的方法分为 6 种，包括热液蒸气压法、沸腾流体法、等容线与另一独立地温计联合法、含石盐子晶溶解最终均一法、含 CO_2 包裹体等容线相交法和熔融包裹体压力计。

（二）不同类型内生矿床的成矿深度

浅成带矿床中的伟晶岩矿床中，残余岩浆的含量比较多，要想将这些残余岩浆形成价值更高的伟晶岩浆矿床，首先要具备一定的条件，比如至少需满足三个条件，即挥发成分要足够多、性能状态要处于稳定状态，还要处于深成带区域。伟晶岩浆中的残余岩浆中，只有具备足够多的挥发成分才能形成矿床，但是在大多数情况下，这些残余岩浆中的挥发成分比较少。另外，残余岩浆自身性能一定要处于一个相对稳定的状态，这些稳定的状态需要很长的时间才能进一步形成价值较高的结晶体。最后，残余岩浆一定要处于深成带区域，只有处于此区域的残余岩浆才能保证其处于一个相对比较封闭的状态。一般情况下，伟晶岩矿床的形成都是在地下 20 千米以下的位置所形成的，所以说，处于浅成带、地表带的伟晶岩，其能够形成矿床的几率几乎为 0。相比较而言，矽卡岩的形成条件则与其不同，矽卡岩矿床的形成也需要具备三个条件，即碳酸钙、二氧化硅成分，温度，流体。首先，矽卡岩浆中需要具备充足的二氧化硅和碳酸钙等成分，同时还要达到非常高的温度，还要有至少一种流体的参与，保证流体与固体之间的平衡反应，一般情况下，在地下 500～2000 米的位置中会有矽卡岩矿床的形成，并且矽卡岩矿床的形成深度还与有色金属密切相关。热液矿床又被分成了浅成低温热液矿床、中温深热液矿床和高温热液矿床等类型，上述分类是以矿床的形成温度和深度为依据，而大多数热液矿床的形成深度都在 5 千米以上。

(三) 影响矿床成矿深度的因素分析

1. 成矿母岩的形成深度

成矿母岩的形成深度是影响矿床成矿深度的主要因素之一。比如通过上述分析后发现，伟晶岩矿床的形成深度与伟晶岩的形成深度有关，矽卡岩矿床的形成深度与镁矽卡岩、钙矽卡岩的形成深度有关，而中温脉状金矿床的形成深度与变质、变质相作用有关。葡萄石 - 绿纤石相和低绿片岩等因素直接决定着浅成矿床的形成深度，高绿片岩相和角闪岩决定着终身矿床的形成深度，麻粒岩相决定着深成矿床的形成深度。所以通过分析后可发现，矿床的形成深度从浅到深实际上构成了一个中温脉状金矿床的成矿模型，这一成矿模型随着地壳运动依次连续进行。

2. 地温梯度、多孔岩石渗透率

地温梯度、多孔岩石渗透率也是影响矿床形成深度的因素，比如地温梯度越大，成矿深度越小；相反，地温梯度越小，成矿深度越大。有学者经过研究后发现，某地区成矿深度如下：地温梯度为 16～20℃/千米，活动的构造边缘地温梯度、受构造引张机制控制的地区地温梯度分别为 20～30℃/千米和 30～35℃/千米，而火山活动地区的地温梯度为 50～65℃/千米。通过对上述数据分析后发现，本地区中温热液脉状金矿床的形成深度最大，位于火山活动地区的浅成热液矿床的成矿深度最小。并且随着地壳运动，成矿活动一直进行，在这一过程中，如果构造环境长期稳定，那么矿层也会逐渐向深部稳定延伸。

3. 岩浆侵位的深度

岩浆侵位的深度也是影响矿床形成深度的主要因素之一。岩浆侵位的深度与多个因素有关，比如流体释放的时间、挥发成分的含量、成矿元素的分配系数等。

4. 流体地质作用

流体地质作用的过程也是影响成矿深度的重要因素，特别是一些金属矿的形成深度，这是因为流体地质作用的过程影响着金属矿物质的富集情况，而岩石渗透率又会对流体的流动模式造成制约，所以从这方面来看，多孔岩石的渗透率间接决定着矿床的形成深度。

(四) 有效预测热液矿床形成深度的具体方式

在大多数岩石中都有流体成分存在，这些流体属于 C-O-H-S-NaCl 类体系，NaCl 类则是氯化镁、氯化钙、氯化钾、氯化钠等氯化物的代表，除此之外，在一些变质的岩石中也有少量的 N（氮）、F（氟）成分存在。C-O-H-S 体系下，则指的是 H_2O 和 CO_2 表现出的稳定性，CO_2 在一定的条件下会大量形成特殊性质，这一条件则为高温低压的条件，CH_4 的出现条件则为低氧逸度、低温、高压，需要以这些为依据对成矿深度进行预测。当然，组成矿床的流体组成体系不同、矿床的类型不同，所采用的成矿深度预测方式也不同。如果在近地表的浅成热液矿床，对其成矿深度进行预测时，所属区域盐度不得高于 12wt%。大气降水控制的 HO-NaCl 类体系和 CO_2 摩尔分数在 0.015 以下等因素影响着成矿流体组成体系。成矿深度越大，斑岩铜矿流体包裹体的盐度在 70wt% 左右，并且在深度越深的斑岩铜矿流体组成体系中，还含有少量的一氧化碳包裹体，这种包裹体则属于 HO-NaCl-KCl 类体系。

在对热液矿床形成深度进行预测的过程中进行了一项实验，此实验中以流体动力学理论为依据模拟了侵位岩浆，通过本次模拟实验得到了以下几个结论：

(1) 流体的聚焦流动主要位于侵位岩浆上部位置，位于此位置的流体通量远远高于岩体周围的流体通量。

(2) 侵位岩浆位置越向上，温度越高，并且高温持续的时间越长。

(3) 侵位岩浆上部有两个相区，这两个相区均是流体沸腾的主要区域。

(4) 侵位岩浆上部流体特性比较明显，温度越高，渗透率越低。

(五) 矿床最大延深空间

造成金属矿床最大延深空间的有利因素包括以下几个：

(1) 容矿岩石或地质剖面为岩性均一岩层。

(2) 陡倾斜裂隙或各种侵入体接触带对矿体持续延深有利。

(3) 成矿时构造状况稳定。

(4) 矿源深度大。

(5) 流体迁移的有利物理化学条件包括：① 较高的成矿流体初始温度和较低的冷却速度；② 矿质沉淀垂直范围与系统的压力成反比；③ 成矿流体中金属浓度越高，系统越不稳定，矿质沉淀垂直范围越小；④ 成矿流体成分稳定，垂向上变化最稳定的矿床 (单金属汞、锑等) 由分离很好的溶液形成；⑤ 成矿溶液为真离子溶液 (有时含金属络合物)；⑥ 流体 pH 近中性或弱碱性；⑦ 成矿流体循环速度与矿质沉淀垂直范围存在相反的关系。

第八节　岩浆成矿

一、微量元素在共存相中的分配及控制因素

微量元素在共存相中的分配受分配系数的控制。分配系数指在一定的温度和压力条件下，微量元素在两相平衡分配时的浓度比值常数，主要包括简单分配系数、总分配系数和复合分配系数三种。微量元素的分配系数受体系总成分、温度、压力、氧逸度等因素的影响。

(1) 不同的岩浆化学成分影响微量元素分配系数。实验表明，Cs、Ba、Sr、La、Sm、Gd、Lu、Cr、Nb、Ta 等微量元素在不混溶的基性和酸性熔体中的分配存在较大的差异，分配在酸性熔体中的 Cs 是基性熔体的 3 倍，Ba、Sr 为 1.5 倍，其他元素为 2.3 ~ 4.3 倍。

(2) 体系温度的倒数与分配系数的自然对数呈线性关系。

(3) 实验证实，在相当于上地幔压力条件下，稀土元素在富水的蒸汽和石榴子石、单斜辉石、斜方辉石、橄榄石之间的分配系数为 1 ~ 200，分配系数随压力的增大而迅速增加。

（4）氧逸度可影响某些变价的微量元素（Eu 和 Ce 等）的分配系数和元素离子比值，如 Eu^{2+}/Eu^{3+} 和 Ce^{3+}/Ce^{4+} 的比值。

此外，岩浆作用过程中的部分熔融作用、同化混染、岩浆混合和结晶作用等作用过程也会影响微量元素的分配，进而影响岩浆成矿作用。

二、岩浆熔离作用

（一）岩浆熔离作用及其控制因素

岩浆熔离作用是指在较高温度下的一种成分均匀的岩浆熔体，当温度、压力、成分等物理化学条件发生变化时（降温、减压、硫逸度增加等），分离成两种或两种以上互不相融的熔融体的作用。岩浆熔离作用可以使有用组分高度富集于某个或某几个分熔的熔体相中，进而富集成矿。

熔体中不同组分化学键的差异性是导致岩浆熔离的根本因素。如硅酸盐熔体属共价 - 离子型熔体，具有共价键和离子键两种键型相互作用特征；氯化物、氟化物、硫酸盐、碳酸盐等盐类（硼酸盐和磷酸盐除外）熔体属于离子型熔体，主要以离子键结合；H_2O、CO_2、CH_4 和其他 C-O-H 物种形成的液体和气体属于分子型流体，H_2O 分子之间以氢键结合；硫化物熔体大多具有金属键特征，使其与其他流体的相互混溶性非常有限。因此，不混溶主要发生在硅酸盐（离子 - 共价键）熔体与碳酸盐（离子键）熔体、硅酸盐熔体与氧化物熔体、硅酸盐熔体与硫化物（金属键）熔体以及伟晶岩中出现的硅酸盐与水盐熔体之间。此外，两种熔体域共熔温度与金属阳离子静电性质，即离子电位 Z/r 相关。

（二）岩浆熔离作用的主要类型

岩浆液态分离主要有三种类型：

（1）金伯利岩和煌斑岩等体系中，硅酸盐熔体与碳酸盐熔体的液态分离。

（2）拉斑玄武岩和偏碱性基性岩中，富铁、钛、磷的氧化物熔体与富硅、铝、碱的硅酸盐熔体的不混溶作用。

（3）镁铁质侵入体中，硫化物熔体与硅酸盐熔体的不混溶作用。

（三）硫化物熔体与硅酸盐熔体的不混溶

1. 铜镍岩浆硫化物矿床成矿的必要条件

铜镍岩浆硫化物矿床成矿的必要条件有以下几个：

（1）岩浆中有足够的 Ni、Cu 等亲硫元素。

（2）硫在岩浆中的浓度达到过饱和而从岩浆中熔离出来。

（3）熔离出来的硫必须有机会与大量的岩浆发生反应，以便萃取大量的亲铜元素。

（4）硫化物液滴聚集在某一特定部位，因此硫在岩浆中的活度、溶解度及其熔离机制是矿床成因研究中的一个重要环节。

2. 硅酸盐熔融体中硫的溶解度

硫在硅酸盐熔融体中的溶解度受以下因素的影响。

（1）硫逸度和氧逸度。实验研究表明，在一定条件下，氧逸度与硫的溶解度成反比，硫逸度与硫的溶解度成正比。

（2）温度效应。硫在硅酸盐熔融体中的溶解度随温度升高而增大。

（3）压力效应。硫的溶解度随硅酸盐熔融体压力的增加而减少。岩浆混合实验研究显示，长英质岩浆与铁镁质超铁镁质岩浆的混合促进硫的不混溶。

（4）硫化物的溶解度。层状侵入体分异结晶作用过程中，温度、岩浆的 FeO 含量和氧逸度对硅酸盐岩浆中硫化物的溶解度至关重要。例如，分离结晶过程中最初的结晶作用以硫的溶解度的急剧下降为标志，对总体结晶岩浆而言，一旦在液相线上出现斜长石，残余岩浆的 FeO 含量明显增加，硫饱和曲线的斜率就变得很平缓。

3. 岩浆中硫化物的不混溶

岩浆中硫化物的不混溶过程即为硫化物的过饱和过程。主要控制因素包括以下几点：

（1）温度和压力。岩浆上升过程中，随温度降低，可导致硫化物过饱和而形成不混溶，但压力的降低导致硫化物溶解度的增加。

（2）结晶分异。当发生铬铁矿和磁铁矿等结晶分异过程时，熔体 FeO 或 TiO_3 含量降低，将导致硫化物的过饱和。

（3）氧逸度。氧逸度的增加促进硫化物不混溶。

（4）围岩同化混染。镁铁质岩浆中长英质组分的加入或混染降低岩浆中硫化物的溶解度，导致岩浆中硫化物过饱和而发生不混溶及硫化物的分异。

（5）外部硫源的加入。如同化含硫地层或者通过气化作用吸收地层中的硫可促进岩浆中硫化物的过饱和，并发生不混溶及分异。

（6）岩浆混合作用。即较热的富铁初始岩浆和经过分异的低温贫铁岩浆混合可以使岩浆中硫化物的 FeO 含量骤然降低，硫化物进入超饱和状态，导致不混溶。

4. 硫化物熔离定量模型

（1）分离熔离。分离熔离（fractional segregation）也称为瑞利分馏或分离分凝，是指非常少量的硫化物连续不混溶并与硅酸盐熔体保持平衡，然后通过沉降或其他机理从体系中移出，阻止进一步与残余熔体反应。

（2）批次熔离（batch segregation）或平衡结晶（equilibrium crystallization）。在硫化物从体系中移出之前的某一阶段有相当量硫化物分凝，并与整个残余熔浆保持平衡。批次熔离是由强度参数（intensive parameters）(如来自围岩的硫或二氧化硅混染) 突然改变而引起的，可能不伴随硅酸盐结晶，但在大量硅酸盐结晶发生之前，硫化物分凝可能提供形成岩浆分凝矿床更为合适的条件。

（3）精炼熔离。硫化物小液滴进入岩浆房顶部，并缓慢或交替地渗透下沉，此时的硫化物处于一种岩浆通道内的水动力环境中，新鲜岩浆不断沿这种通道流入，并与硫化物渗合。

5. 判断一个岩体是否已经发生硫化物不混溶的方法

（1）基于岩石化学基础上的硫化物分异定量模型。硫化物可以通过多种方式在岩浆中发生反应和分异，可通过原始岩浆成分和瑞利模型来判断岩浆是否发生过硫化物过饱和。

（2）镁铁质 - 超镁铁质侵入岩基于橄榄石组成的硫化物分异定量模型。根据结晶矿物和硫化物熔离的时间顺序，应用完全分异结晶作用模型，将橄榄石结晶等矿物和硫化物熔离过程中橄榄石 Ni 含量进行定量计算，了解岩浆中硫化物的饱和状态。

（3）火山岩和层状侵入体 Cu/Zr 的比值。根据元素地球化学特征可知，Cu/Zr 值小于 1 的岩石，表明曾发生硫化物达到饱和。

（四）Li-F 花岗岩液态分离

实验表明，锂氟花岗质熔体存在三种端员组分，即富 Na、富 K 和富 Si 的端员，分别为富 Na 的翁岗岩（O）、富 K 的香花岭岩（X）和富 Si 的黄英岩（T），其成因为不混溶的液态分离。三端员的共同特征是锂氟偏高，具有一致的产出特征，如呈条带状或似层状伟晶岩或云英岩岩带、岩石中的球状、椭球状包体、析离体、条带韵律层以及矿物包裹体或微小球粒等。三端员岩石组分空间分带具有自下而上由 O → X → T 的有规律变化，时间上基本同时或相近，稍有先后时。

三、结晶分异及压滤成矿作用

（一）层状铬铁矿结晶分异成矿作用

镁铁质、超镁铁质岩浆在冷却结晶过程中，由于结晶顺序及密度的不同，常导致出现金属矿物晶体（如铬铁矿）分层堆集的现象。影响这一过程的因素包括矿物的熔点、相对密度以及岩浆中水及其他挥发分的含量。

（1）矿物的熔点和岩浆中水及其他挥发分的含量主要对矿物的结晶顺序及时间产生影响，表现为：① 在不含水的干岩浆中，矿物的结晶主要受其熔点高低的控制；② 岩浆含有一定量的水及其他挥发分时，由于这些挥发分与成矿重金属元素表现出更大的亲和力，而使金属矿物的结晶温度降低，或者扩大矿物结晶的温度范围，从而影响到岩浆中矿物的结晶顺序；③ 当组成矿物的物质浓度低时，矿物将会在低于其熔点的温度结晶。

（2）结晶矿物与岩浆的相对密度、岩浆的黏度、矿物的颗粒大小、形状等对矿物的沉降速度有重要影响，表现为：① 结晶矿物与岩浆的相对密度较大时，相对密度比岩浆大的矿物倾向于向岩浆体的底部或下部运动；反之亦然。② 两者密度相差不太大时，矿物晶体沉降的速度随颗粒的增大而明显增大；矿物相对运动的速度与岩浆的黏稠度成反比关系。

（二）Irvine 模型

上述结晶分异模型是导致镁铁质岩体层状水平分层的普遍规律，但无法解释几乎由 90% 单矿物组成的铬铁矿层的成因。Irvine 基于橄榄石 - 铬铁矿 - 石英三单元模型指出，铬铁矿矿层的形成是岩浆发生了非正常的结晶分异作用的结果。在岩浆结晶作用达到一定程度时，发生岩浆混合。形成的混合岩浆成分位于铬铁矿的稳定区范围内，因而形成了一个只有铬铁矿从混合岩浆中结晶的短暂时间片段，导致铬铁矿结晶相对密集且有效地沉降，形成由纯铬铁矿单矿物组成的铬铁矿层。

（三）层状或透镜状铬铁矿的其他形成机制

尽管 Irvine 模型很简洁地解释了层状铬铁矿的很多特点，但模型不可能适用于所有情况。结晶岩浆的氧逸度和压力变化是被实验验证的层状或透镜状铬铁矿的形成机制。尤其是压力增加及其伴随的新鲜岩浆脉动式进入岩浆体系被认为是层状铬铁矿形成的主要机制。以对 Kilauea Volcano（Hawaii）的观测为例，其过程可简要描述为，CO_2 气体自岩浆中出溶导致岩浆房顶部压力增加，从而改变了橄榄石和铬铁矿相边界，并使铬铁矿稳定区扩大，从压力增加至恢复到正常岩浆体系的期间内，只有铬铁矿自岩浆体系中结晶。

（四）压滤或贯入成矿作用

（1）镁铁质、超镁铁质岩浆结晶后所产生的富含金属物质的残余熔体由于受构造应力的作用，被挤入岩体的原生构造裂隙或附近围岩的构造裂隙中，形成贯入式矿体，称为压滤或贯入成矿作用。其主要可分为两类：① 重力导致早期形成的高密度富铁金属矿物下沉，将早期形成的硅酸盐矿物挤出残余熔浆，进而与剩余的硅酸盐矿物形成填隙型矿体，或向下流动至岩体已固结部分界面附近形成层状铁矿体。② 富铁残余液体固结之前受构造力作用，一种方式为，使铁残余液体从硅酸盐晶体间隙中挤压出来，形成沿着移动通道分布的不十分集中的小的铁矿团块；一种方式为，已因重力在较大范围聚集起来的富铁残余液体被整体地挤出转移到压力减低的地方，形成贯入矿体。

（2）近年来对晚期岩浆矿床更为深入的研究发现，此类矿床的成矿作用是十分复杂的，现已提出下列 5 种机制：① 分离和重力结晶作用机制；② 含 P_2O_5 较高的 Fe-Ti-V 氧化物和硅酸盐熔体之间的不混溶作用机制；③ 由周围固结的围岩中压滤出来的 Fe-Ti 氧化物液体结晶而成的机制；④ 氧逸度的阶段性升高，导致 Fe-Ti 氧化物大量晶出的机制；⑤ 由于斜长石在岩浆体底部大规模就地结晶，致使周围熔体的全 Fe 含量和密度明显增高，形成一个高密度的"停滞层"且不和上覆岩浆混合。此时，因无水硅酸盐的大量分离，氧逸度增高，导致 Fe-Ti 氧化物大量晶出。

第九节　矿床及元素分带

成矿分带研究对找矿预测意义重大，通过矿床区域分带可以指导区域预测，通过矿床分带可以预测深边部成矿元素的变化和隐伏矿体的存在。

一、矿床分带

热液矿床分带是指在区域（一般指三级成矿区带）、矿床（田）和矿体的范围内，矿床类型、矿化元素、矿物成分、化学成分、矿石结构构造、元素组合在空间上的变化规律。矿床分带从规模和尺度上，可表现为区域矿床分带、矿田（床）分带和矿体分带，在空间上表现为水平分带和垂直分带。

（一）区域矿床分带

区域矿床分带是指在同一构造单元和区域成矿地质条件下，由同一构造岩浆活动（或同一构造岩浆活动的不同期次）所形成的同矿种不同矿床类型或不同矿种矿床的区域分带。

（二）矿床（田）分带

矿床（田）分带指同一个矿床或矿田范围内，由同一个成矿地质体形成的矿床组合、矿化样式的平面和垂向分带。这种空间分布规律往往通过相距不远的矿床组来表现，在热液矿床中经常见到，如江西南部钨矿床、云南个旧锡矿等。云南个旧锡矿的分带现象为花岗岩岩体中心→锡石 - 云英岩带→锡石 - 石英脉带→锡石 - 绿泥石 - 硫化物带→锡石 - 方铅矿 - 闪锌矿带→方铅矿 - 黄铁矿 - 碳酸盐带。

(三) 矿体分带

矿体分带指沿矿体走向、倾向和矿体厚度方向，矿石物质成分 (矿化元素及组合、矿物组成及组合) 及矿石结构构造做有规律的变化。如湖南水口山铅锌矿床，矿体上部以方铅矿为主，中部以闪锌矿为主，下部铅锌矿减少，黄铁矿增多。此外，在部分矿床中还会出现较低温度条件下形成的矿物组合位于矿床或矿体下部，高温矿物组合则在上部的逆分带现象，如赣南钨矿上部以锡石为主，中上部以黑钨矿为主 (属高温矿物组合)，下部则以辉钼矿、辉铋矿、黄铁矿、黄铜矿、闪锌矿等硫化物为主 (属中或中高温矿物组合)。矿体的分带性主要表现为分带的结构、方向性和清晰程度三个方面。

二、元素分带

元素分带是矿床分带在化学成分上的具体表现。在矿床或矿田范围内，元素分带具体表现为不同成矿元素和伴生元素在平面的空间分布。在矿体尺度上，表现为元素出现轴向分带和水平分带。根据矿床元素分带特征，可以作为深部找矿预测的重要手段。

原生晕浓度分带是指同一组分的含量从矿化中心或异常中心向外有规律变化的现象。邵跃 (1984) 认为，含矿热液温度变化是造成元素分带的主要因素之一，并根据元素沉淀析出的先后关系提出了从高温到低温的元素分带序列从上到下为 $Cr-Ni$ (Co_1, Cu_1) $-Ti-V-P-Nb-Be-F-Sn-W-Zn-Ga-In-Mo-Re-Co_2$ (Au_1, As_1) $-Bi-Cu_2-Ag-Zn_2-Cd-Pb-W_2-Au_2-As_2-Sb-Hg-Ba-Sr$。

三、矿床分带的影响因素

影响矿床分带的因素可分为内因和外因两类。其中，外因包括大地构造特征及大陆动力学环境、成矿物理化学条件 (如温度、压力、氧化-还原条件等)、成矿作用时间和期次、围岩性质、地质构造等因素；内因为各种物质成分的地球化学习性 (如元素离子电位和平衡常数)、含矿热液的浓度和性质、成矿物质的来源等。自然界成矿过程中，成矿流体在开放体系中，成矿分带往往是以上两种因素影响的综合结果，即受到复杂的温度、压力、pH 变化的影响。

四、矿床分带的成因

矿床分带的成因主要有地热分带说、脉动分带说、沉淀分带说和双重因素成因说等。近年来多数学者认为，单一成因的分带（无论是地热或脉动）在矿床中并不多见，多数矿区是既有脉动分带，又有沉淀分带。在复杂的自然成矿现象中很难只突出一种因素而忽视另一种因素，脉动分带与地热分带也难以截然分开。在脉动分带的每一次矿液的沉淀过程中，地温递变起了很大作用，而在每一次沉淀分带过程中同样有构造的脉动活动。

近年来对成矿热液的研究又获得大量新的资料，认为在中深到浅成条件下，岩层中的地下热卤水的活动对热液矿床的分带现象也起到重要的控制作用，如斑岩铜矿的气流模式。当存在温度差、密度差和组分浓度差的层间地下水向炽热侵入体方向流动时，水与岩体接触因加温而气化（蒸发）时，便从中析出从围岩中淋滤出的被溶物质。这一观点可以较好地解释为什么溶解度较大的物质（如 Fe、Cu 矿物，远比溶解度小的物质（如辰砂）更靠近火成岩体。

第三章　矿产勘查取样

第一节　取样理论基础

一、取样理论的几个基本概念

(一) 总体

总体是根据研究目的确定的所要研究同类事物的全体。例如，如果我们研究的对象是某个矿体，那么该矿体就是总体；如果研究的是某个花岗岩体，那么该岩体就是总体。在实际工作中，我们关注的是表征总体属性特征的分布，如矿体的品位、厚度，花岗岩的岩石化学成分等。在统计学中，总体是指研究对象的某项数量指标值的全体 (某个变量的全体数值)。只有一个变量的总体称为一元总体，具有多个变量的总体称为多元总体。总体中每一个可能的观测值称为个体，它是某一随机变量的值。总体是矿产勘查中最重要的研究对象。

(二) 样品

样品是总体的一个明确的部分，是观测的对象。在大多数整体中，样品常常是一个单项 (一个单体或一件物品)、一个基本单位 (不能划分成更小的单位) 或者是可以选作样本的最小单位。在矿产勘查中，取样单位是由地质人员规定的，而且为了获得有用的数据，这种规定必须包括取样单位的大小 (体积或质量) 和物理形状 (如刻槽尺寸、钻孔岩心的大小、把岩心劈开还是取整个岩心，以及取样间距等)。

(三) 样本

样本是由一组代表性样品组成的，其中，样品的个数 (n) 称为样本的大小或样本容量。在统计学参数估计中，$n \geq 30$ 称为大样本，大样本的取样分布近似于服从正态分布；$n<30$ 为小样本。研究样本的目的在于对总体进行描述或从中得出关于总体的结论。

（四）参数

总体的数字描述性度量（即数字特征）称为参数。在一元总体内，参数是一个定值，但这个值通常是未知的，从而必须进行估计；参数用于代表某个一元总体的特征，经典统计学中最重要的参数是总体的平均值、方差和标准差。平均值描述观测值的分布中心，方差或标准差描述观测值围绕分布中心的行为。

每个数字特征描述频率分布的一定方面，虽然它们不能描述频率分布的确切形状，但能说明总体的形状概念。例如，"某个金矿体的矿石量为1000万吨，金的平均品位为5g/t"，这两个数字特征虽然没有详细地描述出该矿体的细节，但给出了规模和质量的概念。

（五）统计量

样本的数字描述性度量称为统计量，即根据样本数据计算出的量，如样本平均值、方差和标准差等。利用统计量可以对描述总体的参数进行合理的估计。

（六）平均值

平均值是一个最常用、最重要的总体数字特征，矿产勘查中常用的平均品位、平均厚度等都是一种平均值，而且用得最多的是算术平均值和加权平均值。

（七）方差和标准差

方差是度量一组数据对其平均值离散程度大小的一个特征数。样本方差的算术平方根称为标准差。方差和标准差是最重要的统计量，不仅用于度量数据的变化性，而且在统计推理方法中起着重要的作用。

(八) 变化系数

假设两组数据具有相同的标准差，但它们的平均值不等，能认为这两组数据的变化程度相同吗？答案显然是否定的。为了比较不同样本之间数据集的变化程度，人们引入了变化系数 (coefficient of variation) 的概念。

在矿产勘查中，利用变化系数能够更好地反映地质变量的变化程度。例如，不同矿床或同一矿床不同矿体的平均品位不同，利用标准差不能有效地对比矿床之间有用组分分布的均匀程度，而利用变化系数进行对比则比较方便。

(九) 变量的分布

变量的变异型式称为分布，分布记录了该变量的数值以及每个值出现的次数。为了了解变量的分布，将样本数据按照一定的方法分成若干组，每组内含有数据的个数称为频数，某个组的频数与数据集的总数据个数的比值叫作这个组的频率。频率分布直方图是表现变量分布的一种常见经验方式，概率分布是频率分布的理论模型。

正态分布 (normal distribution) 是一种对称的连续型概率分布函数。在正态分布中，分布曲线总是对称的并呈铃形。根据定义，正态分布的平均值是其中点值，平均值两侧曲线之下的面积是相等的。正态分布的一个有用的性质是，在任何指定的范围内，其曲线下的面积可以精确地计算出来。例如，全部观测值的 68% 位于算术平均值两侧一个标准差的范围内，95% 的观测值落在平均值两侧 2 个 (实际上是 1.96 个) 标准差范围内。

地学中的数据很多具有非对称性而不是正态分布，通常这类非对称分布是向右偏斜的 (即直方图或频率分布曲线呈长尾状向右侧延伸，又称为正偏斜，这意味着具有这种分布的数据中低值数据占优势；反之，则称为左偏斜或负偏斜)。在非正态分布中，标准差或方差与其分布曲线之下的面积不存在可比关系，所以需要采用数学转换将偏斜的数据转化为正态数据，最常用的方法是对数正态转换。

变化系数为品位总体的性质提供了一个好的度量：变化系数小于 50%，一般指示品位总体呈简单的对称分布 (近似的正态分布)，对于具有这种分布特征的矿化，其资源储量估计相对比较容易；变化系数为 50% ~ 120% 的总体具有正偏斜分布特征（可转化为对数正态分布），其估值难度为中等；变化系数大于 120% 的总体分布将是高度偏斜的，品位分布范围很大，局部资源储量的估计将面临一定的难度；如果变化系数超过 200%（这种情况常见于具有高块金效应的金矿脉中），总体分布将会呈现出极度偏斜和不稳定状态，几乎可以肯定存在多个总体，这种情况下局部品位估值是非常困难甚至是不可能的，只能借助于经典统计方法估计整体的品位值。

二、取样目的

取样是为了获取参加某项研究的个体（样品）以获得有关总体的精确信息，多数情况下是为了估计总体的平均值。从主观上讲，我们希望所获样本能够尽可能精确地提供有关总体的信息，但每增加一个数据（样品）都是有代价的。因此，我们的问题是如何才能够以最少的经费、时间和人力通过取样获得有关总体的精确信息。由于信息和成本之间存在着约束，在给定成本的条件下可以通过合理的取样设计使获取的有关总体的信息量达到最大。

矿产勘查早期阶段取样的目的可能是了解某个矿化带的范围以及质和量的粗略估计；容量很小的样本不应看作取样区域的代表，因而不能得出经济矿床存在或缺失的结论。随着勘查工作的深入进行，需要研究确定矿石的质和量以及开采条件和加工技术性能，通过精心设计和控制的方式进行系统采样，样本容量将会迅速扩大，而早期的小样本已经构成了后期大样本的一部分。因此，实际工作中所有的取样设计都应考虑到最终目的是要精确地估计矿床的品位和吨位，并且应当为实现这一目的而进行详细的规划。每个取样阶段所获得估值的可靠性可以用统计分析来表示。

三、取样理论

取样理论主要研究样本和总体之间的关系，我们采集所有与样本相关的信息，目的在于推断总体的特征。其中，首要的问题是选择能够代表总体的样本。

取样理论是围绕这样一个概念建立起来的，即如果无偏地从总体中选择足够多的代表性样品组成样本，那么该样本的平均值就近似等于该总体的平均值。现代取样理论试图回答在给定的范围和约束条件下需要采集的样品个数，并且寻求如何以最低的成本为目前所待解决的问题提供足够精确估值的取样方法和估值方法。为了实现这些目的，需要借助于统计学理论。

矿床或块段的平均品位是基于对矿床或块段的取样分析结果估计的，矿产取样（包括采样、样品加工、分析等步骤）常常是评价矿产资源储量过程中最关键的步骤。

(一) 取样分布

对于每个随机样本，我们都可以计算出诸如平均值、方差、标准差之类的统计量，这些数字特征与样本有关，并且随样本的变化而变化，于是可以得出统计量的概率分布或概率密度函数，这类分布称为取样分布。例如，假设我们度量每个样本的平均值，那么所获得的分布就是平均值的取样分布，同理，我们还可以得出方差、标准差等统计量的分布。对于取样分布而言，如果全部样本某个统计量的平均值等于其相应的总体参数，那么该统计量就称为其参数的无偏估计量（例如，样本平均值是总体平均值的无偏估计量），否则就是有偏估计量（例如，样本标准差是总体标准差的有偏估计量）。

根据中心极限定理，如果总体是正态分布，那么无论样本的大小如何，其平均值的取样分布都服从正态分布；如果总体是非正态分布，那么只是对于较大值来说，平均值的取样分布才近似于正态分布。

(二) 点估计

把统计学的知识应用于矿产勘查中，在大多数情况下，矿体的参数真值或其概率分布是不可能知道的，即使在其被开采完毕后，由于开采过程中的贫化、损失等原因，仍然不可能获得其参数的真值。我们实际所获得的数据是样本的观测值。显然，我们所面临的问题是应当利用样本的什么功能来估计所研究的矿体的重要未知参数——平均品位、平均吨位及其方差等。由于不可能知道其真值，就必须借助于样本值来对这些参数进行估计。换句话说，以样本统计量作为其参数的估值，例如，把根据样本求出的平均品位作为矿床（矿体、矿段或矿块）平均品位的估值。

利用单值（或单点）估计总体未知参数的统计推断方法称为参数的点估

计。在矿产勘查中，点估计的应用极为广泛，如根据不同勘查阶段获得的矿体平均品位、平均厚度、平均体重等 (样本平均值) 估计矿体相应的参数，根据从某个地质体中获得的某种元素的样本平均值估计该元素在该地质体中的背景值等。

(三) 区间估计

如果样本频率分布趋近于正态分布，那么样本数据的平均值、方差、标准差等统计量能够提供样本所代表的矿床 (体) 相应参数的合理估计。

如果样本分布服从对数正态分布，那么应当计算样本的几何平均值和标准差。许多矿床类型，尤其是浅成热液金矿床以及热液锡矿床等，几何平均值能够更合理地提供矿床 (体) 平均品位的估值。

(四) 估值精度

各种估值都能够以百分数的形式计算出其精度，所获得的值可以与我们认为能够接受的水平进行比较，如果该值太高，那么有必要进行补充取样增加数据的密度。

四、取样方法

经典统计学中一般是采用概率取样方法。概率取样是基于设计好的随机性，即在某种事先确定好的方法基础上选择用于研究的样品，从而消除在样品选择过程中可能引入的任何偏差 (包括已知和未知的偏差)，在概率取样过程中，总体的每个成员都有被选中的可能性。非概率取样方法是以某种非随机的方式从总体中获取样品。

概率取样方法包括随机取样、层状取样、丛状取样、系统取样 4 种基本的取样技术。

(一) 随机取样

从大小为 N 的总体中通过随机取样获取大小为 n 的样本。假设每个大小为 n 的样本都有同等发生的机会，那么该样本就是随机样本。

随机取样操作简便、成本较低，主要缺点是不能用于面积性的等间距取样。在我们的实际工作中，样品加工和化学分析一般采用随机取样形式进行抽样。有时也可同时采用随机形式和面积性的系统形式。例如，先在研究区内粗略地布置取样网格，然后取样者到网格点所在的实地，随机地选取采样位置；或者是在精确布置好的取样位置周围，随机地采集若干岩（矿）石碎屑组成一个样品。

（二）层状取样

层状取样适合于分布不均匀的总体，其操作首先需要把总体分成若干个非重合的组，每个组称为一个层，每个层内的个体从某种方式上说是均匀分布的或是相似的；然后采用随机取样的方式把从每个层中获取的样品组成小样本，最后把各层的小样本合并成一个样本，这种样本称为层状样本。相对于随机取样而言，层状取样的优点是可以采取较少数量的样品获得相同或更多的信息，这是因为每个层中的个体都有相似的特征。

在矿产勘查中，由于岩石或矿石类型不同而要求分层取样，但在实际操作中，分层取样几乎总是与面积性的系统取样形式结合使用。具体地说，就是垂直于主要矿化带按一定间距布置剖面线，然后在剖面线上按一定间距进行分层取样。

（三）系统取样

从总体中选取每第 i 个样品的取样方法称为系统取样（systematic sampling）。系统取样方法的原理是相对比较简单的，即选取一个数 k，然后在 1 和 k 之间随机地选择一个数作为第一个样品，此后每隔 k 个个体取作样品构成系统样本。

上述随机取样和层状取样都要求列出所研究总体的全部个体，而系统取样无此要求，因此在不能理出总体的全部个体时，系统取样方法是很有用的。不过，随之而来的问题是，如果我们不知道总体的大小，那么我们如何选择 k 值呢？没有确定 k 值的最好的数学方法。合理的 i 值应该是不能过大，过大的 k 值可能不能获得所需的样本容量；也不能太小，根据太小的 k 值所获得的样本容量可能不能代表总体。

在矿产勘查中，取样通常是采取面积性的系统取样，这种取样是把取样位置布置在网格的交叉点上，如果数据的变化近于各向同性，则采用正方形网格；如果存在线性趋势，则采用矩形网格。这种取样方式可以提供一个比较好的统计面。

(四) 丛状取样

丛状取样 (cluster sampling) 的原理是随机地抽取总体内的个体集合或个体丛组成小样本，所有被选取的这些小样本合并成一个样本，这种样本称为丛状样本。显然，丛状取样需要考虑如下问题：

(1) 如何对总体进行分丛？

(2) 应该抽取多少丛？

(3) 每个丛应该含多少个个体？

为了解决上述问题，首先必须确定所设定的丛内个体的分布是否均一，即这些个体是否具有相似性；如果样品丛是均一的，那么采取较多的丛且每个丛由较少的样品构成的方式比较好。如果样品丛的分布是非均一的，样品丛的非均一性可能与总体的非均一性相似，也就是说，每个样品丛都是总体的一个缩影，在这种情况下，采取较少数量但含较多个体的丛是合适的。

钻探取样可以看作面积性系统取样与丛状取样形式相结合的例子，即按照一定的网度布置钻孔，钻孔岩心可以认为是样品丛。

五、取样过程中的误差

在从总体中选取样本观测值的过程中可能存在两种类型的误差：取样误差和非取样误差。在取样方法设计的过程中或者在对取样观测结果进行检验时都应该了解这些误差的来源。

(一) 取样误差

取样误差 (sampling error) 又称估值误差，是指样本统计量及其相应的总体参数之间的差值。由于样本结构与总体结构不一致，样本不能完全代表总体，因此只要是根据从总体中采集的样本观测值得出有关总体的结论，取样误差就会客观存在。

正确理解取样误差的概念需要明确两点：取样误差是随机误差，可以对其进行计算并设法加以控制；取样误差不包含系统误差。系统误差是指没有遵循随机性取样原则而产生的误差，表现为样本观测值系统性偏高或偏低，因而又称为规律误差或偏差。

取样误差可分为标准误差（standard error）和估值误差（estimation error）。

1. 标准误差

取样分布的标准差称为平均值的标准误差。标准误差反映了所有可能样本的估值与相应总体参数之间平均误差的大小，可衡量样本对总体的代表性大小。一般说来，标准误差越小，样本对总体的代表性越好。影响标准误差的因素主要包括样本容量和取样方法：

（1）样本容量越大，标准误差越小。

（2）在样本容量相同的情况下，不同的取样方法会产生不同的取样误差，其原因是采用不同的取样方法获得的样本对总体的代表性是不同的，因而需要根据总体的分布特征选择合适的取样方法。

2. 估值误差

估值误差又称为允许误差，是指在一定的概率条件下，样本统计量偏离相应总体参数的最大可能范围。

（二）非取样误差

非取样误差比取样误差更严重，因为增大样本的容量并不能减小这种误差或者降低其发生的可能性。在获取数据过程中的人为失误，或者所选取的样本不合适，将导致非取样误差的产生。

（1）在获取数据过程中可能出现的误差：这类误差来源于不正确的观测记录。例如，由于采用不合格的仪器设备进行观测得出不正确的观测数据、在原始资料记录过程中的错误、由于对地学概念或术语的误解导致不准确的描述、样品编号出错，诸如此类。

（2）无响应误差：无响应误差是指某些样品未能获得观测结果而产生的误差。如果出现这种情况，所收集到的样本观测值有可能由于不能代表总体而导致有偏的结果。在地学上，很多情况下都有可能出现无响应，例如，野外有的部位无法采集到样品，有的样品在搬运途中可能损坏，有的元素含量低于仪器检测限而导致数据缺失等。

（3）样品选取偏差：如果取样设计时没有考虑到对总体的某个重要部位的取样，就有可能出现样品选取偏差。

第二节　矿产勘查取样

一、矿产勘查取样的定义

在矿产勘查学中应用统计学理论时，我们应当意识到样本的统计学定义与其在矿产勘查中的相应定义之间的差异：在统计学中，样本是一组观测值，而在矿产勘查学中，样本是矿化体的一个代表性部分，分析其性质是为了获得某个统计量，如矿化体品位或厚度的平均值。矿产勘查取样需要统计学理论的指导，但其研究对象和研究内容具有特殊性，而且必须借助于一定的技术手段才能获得相关的样品。

矿产勘查取样是指按照一定要求，从矿石、矿体或其他地质体中采取一定容量的代表性样本，并通过对所获得样本中的每个样品进行加工、化学分析测试、试验或者鉴定研究，以确定矿石或岩石的组成、矿石质量（矿石中有用和有害组分的含量）、物理力学性质、矿床开采技术条件以及矿石加工技术性能等方面的指标而进行的一项专门性的工作。根据该定义，矿产勘查取样工作由以下三部分组成。

（1）采样：从矿体、近矿围岩或矿产品中采取一部分矿石或岩石作为样品，这一工作称为采样。

（2）样品加工：由于原始样品的矿石颗粒粗大，数量较多或体积较大，所以需要进行加工，经过多次破碎、拌匀、缩分使样品达到分析、测试要求的粒度和数量。

（3）样品的分析、测试或鉴定研究。

本节只对采样方法进行简要介绍，有关样品加工和分析测试方面的内容将在下一节涉及。

二、矿产勘查中常用的采样方法

采样是矿产勘查取样的一个基本环节，矿产勘查各阶段都必须进行采样工作。由于采样目的和所采集的样品种类、数量以及规格不同，所采用的采样方法也有所不同。常用的采样方法主要有以下几种。

(一) 打 (拣) 块法采样

打块法采样是在矿体露头或近矿围岩中随机 (实际工作中却常常是主观) 地凿 (拣) 取一块或数块矿 (岩) 石作为一个样品的采样方法。这种方法的优点是操作简便、采样成本低。在矿产勘查的初级阶段，利用这种方法查明矿化的存在与否，所采集的往往是最有可能矿化的高品位样品，因而在有关打 (拣) 块取样结果的报告中一般采用 "高达" 的术语来描述，例如，"拣块样中发现含金高达 30g/t"。这种情况下获得的品位不是矿化体的平均品位，只能表明矿化的存在而不能说明其经济意义，并且这种方法也不能给出矿化的厚度。在矿山生产阶段，常常利用网格拣块法 (即在矿石堆上按一定网格在交叉点上拣取质量或大小相近的矿石碎屑组成一个或几个样品) 或多点拣块法 (即在矿车上多个不同部位拣块组合成一个样品) 采样进行质量控制。

(二) 刻槽法采样

在矿体或矿化带露头或人工揭露面上按一定规格和要求布置样槽，然后采用手凿或取样机开凿槽子，再将槽中凿取下来的矿石或岩石作为样品的采样方法称为刻槽法。刻槽取样的目的是要确定矿化带或矿体的宽度和平均品位，样槽可以布置在露头上、探槽中以及地下坑道内。样槽的布置原则是样槽的延伸方向要与矿体的厚度方向或矿产质量变化的最大方向相一致，同时要穿过矿体的全部厚度。当矿体出现不同矿化特点的分带构造时，为了查明各带矿石的质量和变化性质，需要对各带矿石分别采样，这种采样称为分段采样。

样品长度又称采样长度，是指每个样品沿矿体厚度或矿化变化最大方向的实际长度，例如，对于刻槽法采样，即为每个样品所占有的样槽长度，而对于钻探采样来说，则是每个样品所占有的实际进尺。在矿体上样槽贯通矿体厚度，当矿体厚度大时，样槽延续可以相当长。样品长度取决于矿体厚度大小、矿石类型变化情况和矿化均匀程度、最小可采厚度和夹石剔除厚度等因素。当矿体厚度不大，或矿石类型变化复杂，或矿化分布不均匀时，当需要根据化验结果圈定矿体与围岩的界线时，样品长度不宜过大，一般以不大于最小可采厚度或夹石剔除厚度为适宜。当工业利用上对有害杂质的允许含量要求极严时，虽然夹石较薄，也必须分别取样，这时长度就以夹石厚度为准。当矿体界线清楚、矿体厚度较大、矿石类型简单、矿化均匀时，则样品长度可以相应延长。

样槽断面的形状主要为长方形，样槽断面的规格是指样槽横断面的宽度和深度，一般表示方法为宽度 × 深度，如 10cm × 3cm。

影响样槽断面大小的因素有以下几个：

(1) 矿化均匀程度。矿化越均匀，样槽断面越大；反之，样槽断面越小。

(2) 矿体厚度。当矿体厚度大时，断面可小些，因为小断面也可保证样品具有足够质量。

(3) 当有用矿物颗粒过大，矿物脆性较大，矿石过于疏松时，需适当加大样槽断面。

这几个因素要全面考虑，综合分析，不能根据一个因素而决定断面大小。一般认为起主要作用的因素是矿化均匀程度和矿体厚度。样品长度和样槽断面规格可利用类比法或试验法确定。

刻槽法主要用于化学取样，适用于各种类型的固体矿产，在矿产勘查各个阶段获得广泛应用。

(三) 岩 (矿) 心采样

岩 (矿) 心采样是将钻探提取的岩 (矿) 心沿长轴方向用岩心劈开器或金刚石切割机切分为两半或四份，然后取其中一半或 1/4 作为样品，所余部分归档存放在岩心库。

岩 (矿) 心采样的质量主要取决于岩 (矿) 心采取率的高低。如果岩 (矿) 心采取率不能满足采样要求，则必须在进行岩 (矿) 心采样的同时收集同一孔段的岩 (矿) 粉作为样品，以便用两者的分析结果来确定该部位的矿石品位。

(四) 岩 (矿) 屑采样

岩 (矿) 屑采样是使用反循环钻进或冲击钻进方式收集岩 (矿) 屑作为样品的采样方法，主要用于确定矿石的品位以及大致进行岩性分层。

(五) 剥层法采样

剥层法采样是在矿体出露部位沿矿体走向按一定深度和长度剥落薄层矿石作为样品的采样方法，适用于采用其他采样方法不能获得足够样品质量的厚度较薄（小于20cm）的矿体或有用组分分布极不均匀的矿床，剥层深度为5～15cm。该方法还可验证除全巷法外的采样方法的样品质量。

(六) 全巷法采样

地下坑道内取大样的方法称为全巷法，是在坑道掘进的一定进尺范围内采取全部或部分矿石作为样品的一种取样方法。全巷法样品的规格与坑道的高和宽一致，样长通常为2m，样品质量可达数吨到数十吨。

全巷法样品的布置：在沿脉中按一定间距布置采样；在穿脉坑道中，当矿体厚度不大时，掘进所得矿石作为一个样品；当厚度很大时，则连续分段采样。

全巷法样品采取方法：是把掘进过程中爆破下来的全部矿石作为一个样品；或在掌子面旁结合装岩进行缩减，采取部分矿石，如每隔一筐取用一筐，或每隔五筐取用一筐，然后把取得的矿石样合并为一个样品，或在坑口每隔一车或五车取一车，再合并为一个样品。取全部或取部分以及如何取这部分，这些问题应根据取样任务及其所需样品的质量来决定。取样要求坑道必须在矿体中掘进，以免围岩落入样品而使矿石品位贫化。

全巷法取样主要用于技术取样和技术加工取样，如用来测定矿石的块度和松散系数；用于矿物颗粒粗大、矿化极不均匀的矿床的采样（对于这种矿床，剥层法往往不能提供可靠的评价资料），如确定伟晶岩中的钾长石、云母矿床中的白云母或金云母，含绿柱石伟晶岩中的绿柱石，金刚石矿床中的金刚石，石英脉中的金、宝石、光学原料、压电石英等的含量。另外还用于检查其他取样方法。

全巷法采样在坑道掘进同时进行，不影响掘进工作，样品质量大、精确度高等是其优点，缺点是采样方法复杂，样品质量巨大，加工和搬运工作量大，成本高，所以只有当需要采集技术加工和选冶试验样品以及其他方法不能保证取样质量时才采用此方法。

采集大样除利用地下坑道外，还可利用大直径岩心、浅井等勘查工程进行采集。

三、采样方法的选择

在矿产勘查中往往需要多种采样方法配合使用，而这些方法的选择首先需要根据勘查项目的目的以及所采用的勘查技术手段来确定，例如，钻探工程项目只能采用岩心采样和岩屑采样，槽探采用刻槽取样，坑探工程可采用刻槽法、打（拣）块法、全巷法等。其次，还要考虑矿床地质特征和技术经济因素，例如，矿化均匀的矿体可采用打（拣）块法或刻槽法，而矿化不均匀的矿体则可能需要采用剥层法或全巷法进行验证；打（拣）块法和刻槽法的设备简单、操作简便且成本低，而剥层法和全巷法的成本高、效率低。因此，选择采样方法的原则是在满足勘查目的的前提下尽量选择操作简便、成本低、效率高且样品代表性好的方法。

四、采样间距的确定

沿矿体或矿化带走向两相邻采样线之间的距离称为采样间距。一方面，采样间距越密，样品数量越多，代表性越强，但采样、样品加工以及样品分析的工作量显著增大，成本相应增高。另一方面，采样间距过稀，样品数量不足，难以控制矿化分布的均匀程度和矿体厚度的变化程度，达不到勘查目的。

矿化分布较均匀、厚度变化较小的矿体可采用较稀的采样间距；反之，则需要采用较密的采样间距才能够控制。一般情况下，采样间距与勘查工程网度直接相关，确定合理勘查网度的方法也可用于确定合理采样间距，基本方法仍然是类比法、试验法、统计学方法等。

第三节　矿产勘查取样的种类

按取样研究内容和试样检测要求的不同，矿产勘查取样可分为化学取样、岩矿鉴定取样、加工技术取样以及技术取样。

一、化学取样

为测定物质的化学成分及其含量而进行的取样工作称为化学取样。在矿产勘查中，化学取样的对象主要是与矿产有关的各种岩石、矿体及其围岩、矿山生产出的原矿、精矿、尾矿以及矿渣等。通过对样品的化学分析，为寻找矿床、确定矿石中的有用和有害组分及其含量、圈定矿体和估算资源量/储量，以及为解决有关地质、矿山开采、矿石加工、矿产综合利用和环境评价治理等方面的问题提供依据。

(一) 化学采样方法

化学样的采样主要利用探矿工程进行。在坑探工程中通常采用刻槽法，有时可结合打(拣)块法，并利用剥层法或全巷法对刻槽法的适用性进行验证；在钻探工程中则采用岩心采样法，辅以岩屑采样法。

(二) 样品加工

为了满足化学分析或其他试验对样品最终质量、颗粒大小以及均一性的要求，必须对各种方法所取得的原始样品进行破碎、过筛、混匀以及缩减等程序，这一过程称为样品加工。

例如，送交化学分析的样品最终质量一般只需要几百克，其中颗粒的最大直径不得超过零点几毫米。但原始样品不仅质量大，而且颗粒粗细不一，各种矿物分布又不均匀。所以，为了满足化学分析的要求，必须事先对样品进行加工处理。

样品最小可靠质量是指在一定条件下，为了保证样品的代表性，即能正确反映采样对象实际情况所要求的样品最小质量。在样品加工过程中，它是制定样品加工流程的依据，使加工、缩分之后的样品与加工之前的原始样品在化学成分上保持一致，以保证取样工作的质量和地质成果的准确可靠。此外，为了使原始样品具有足够的代表性，也必须根据样品最小可靠质量的要求选择能获得必要质量样品的采样方法。矿化越不均匀、样品颗粒越粗，需要的样品可靠质量就越大。样品加工的最简单原理是：样品全部颗粒必须碎至的粒度大小要求达到失去其中任何一个颗粒都不会影响化学分析结果的程度。在实际工作中，可根据样品加工的经验公式确定样品最小可靠质量。

在样品加工过程中，通常利用"目"来表示能够通过筛网的颗粒粒径，目是指每平方英寸筛网上的孔眼数目，例如，200目就是指每平方英寸上的孔眼是200个，目数越高，表示孔眼越多，通过的粒径越小。目数与筛孔孔径的关系可表示为：目数 × 孔径（μm）=15000（μm）。例如，400目筛网的孔径为38μm左右。目数前加正负号表示能否漏过该目数的网孔：负数表示能漏过该目数的网孔，即颗粒粒径小于网孔尺寸；正数表示不能漏过该目数的网孔，即颗粒粒径大于网孔尺寸。

样品加工程序一般可分为4个阶段：

（1）粗碎，将样品碎至25~20mm；

（2）中碎，将样品碎至10~5mm；

（3）细碎，将样品碎至2~1mm；

（4）粉碎，样品研磨至0.1mm以下。

上述每一个阶段又包括四道工序，即破碎、筛分、拌匀以及缩分。

缩分采用四分法，即将样品混匀后堆成锥状，然后略为压平，通过中心分成四等份，弃去任意对角的两份。由于样品中不同粒度、不同比重的颗粒大体上分布均匀，留下样品的量是原样的一半，故仍然代表原样的成分。

缩分的次数不是任意的。每次缩分时，试样的粒度与保留的试样之间都应符合切乔特公式，否则就应进一步破碎才能缩分。如此反复，经过多次破碎缩分，直到样品的质量减至供分析用的数量为止。然后放入玛瑙研钵中磨到规定的细度。根据试样的分解难易，一般要求试样通过100~200号筛，这在生产单位均有具体规定。

（三）化学样品的分析与检查

样品经过加工以后，地质人员填写送样单，提出化验分析的种类和分析项目等要求，送化验室进行分析。化学样品分析的种类很多，根据研究目的要求不同主要有以下5种。

1. 基本分析

基本分析又称作普通分析、简项分析或主元素分析，是为了查明矿石中主要有用组分的含量及其变化情况而进行的样品化学分析。它是矿产勘查工作中数量最多的一种样品化学分析工作，其结果是了解矿石质量、划分矿石类型、圈定矿体，以及估算资源量/储量的重要资料依据。分析项目则因矿种及矿石类型而定，例如，铜矿石就分析铜，金矿石分析金，铁矿分析全铁和可熔铁，如果已知全铁与可熔铁的变化规律，就可只分析全铁。当经过一定数量的基本分析，证实某种有用组分含量普遍低于工作指标规定时，可不再列入基本分析项目。

2. 多元素分析

一个样品分析多种元素项目叫作多元素分析。它是根据对矿石的肉眼观察或光谱半定量全分析或矿床类型与地球化学的理论知识，在矿体的不同部位采取代表性的样品，有目的地分析若干个元素项目，以检查矿石中可能存在的伴生有益组分和有害元素的种类和含量，为组合分析提供项目。当查定结果显示某些组分达到副产品的含量要求、某些元素超出了有害组分（或元素）允许的含量要求时，则进一步作组合分析。多元素分析一般在矿产普查评价阶段就要进行。分析项目根据矿床矿石类型、元素共生组合规律、岩矿鉴定和光谱分析结果确定。例如，在黑钨石英脉型钨矿床中，共生矿物常有绿柱石、辉铋矿、辉钼矿、锡石、毒砂、闪锌矿、黄铜矿、钨酸钙矿与钨锰铁矿。多元素分析还分析镀、铋、钼、锡、砷、锌、铜、钙等元素。多元素分析样品数目视矿石类型、矿物成分复杂程度而定，一般一个矿区10 ~ 20个即可。

3. 组合分析

组合分析是为了了解矿体内具有综合回收利用价值的有用组分，或影响矿产选冶性能的有害组分（包括造渣组分）含量和分布规律而进行的样品化学分析。其分析项目可根据矿石的光谱全分析结果确定。

组合分析样品不需单独采取，由基本样品的副样组合而成。所谓副样，是指经加工后的样品一半送实验室作分析或试验后，剩余的另一半样品。副样与主样具有同样的代表性，需妥善保存，用作日后检查分析结果和其他研究的备用样品。

基本样品可被组合的条件是其主要元素应达到工业品位，应属同一矿体、同一块段、同一矿石类型和品级。组合的数量一般是8 ~ 12个合成一个，也可20 ~ 30个或更多合成一个，视矿体的物质成分变化稳定情况及是否已对组分变化规律掌握而定。具体的组合方法是根据被组合的基本样品的取样长度、样品原始质量或样品体积按比例组合。

组合样品的化验项目一般根据多元素分析结果确定。在基本分析中已做了的项目，不再列入组合分析。只有需要了解伴生组分与主要组分之间的关系时，或需要用组合分析结果来划分矿石类型时，组合分析才包括基本分析中的某些项目。

4. 合理分析

合理分析又称物相分析，其任务是确定有用元素赋存的矿物相，以区分矿石的自然类型和技术品级，了解有用矿物的加工技术性能和矿石中可回收的元素成分。

合理分析样品的采取，通常先利用显微镜或肉眼鉴定初步划分矿石自然类型和技术品级的分界线，然后在此界线两侧采取样品。以硫化物矿床为例，在矿物鉴定的基础上，从不同矿石的分带线附近采集一定数量的样品，通过物相分析确定硫化矿物与氧化矿物的比例，据此划分氧化矿石带、混合矿石带以及硫化矿石带，从而为分别估算不同矿石类型的资源量/储量以及分别开采、选矿及冶炼提供依据。

合理样品数目一般为5~20个，可以不专门采样，利用基本分析样品的副样或组合分析的副样组成。需要指出的是，当利用基本分析副样作为试样时，必须及时进行分析，防止试样氧化而影响分析结果。

5. 全分析

全分析是分析样品中全部元素及组分的含量，可分为光谱全分析和化学全分析。

（1）光谱全分析：目的是了解矿石和围岩内部有些什么元素，特别是有哪些有益、有害元素和它们的大致含量，以便确定化学全分析、多元素分析和微量元素分析的项目。故在预查阶段即需采样。光谱全分析样品可采自同一矿体的不同空间部位和不同矿石类型，也可利用代表性地段的基本分析副样按矿石类型组成。

（2）化学全分析：目的是全面了解各种矿石类型中各种元素及组分的含量，以便进行矿床物质成分的研究。化学全分析样品可以单独采样，也可以利用组合分析的副样，大致上每种矿石类型应有1~2个样品。某些以物理性能确定工业价值的矿种 (如石棉等), 只需用个别化学全分析样以了解其化学成分, 判定矿物的种类即可。

(四) 化学分析的检查与处理

样品进行化学分析的结果有时和实际相差很大, 这是因为在采样、加工和化验等各个工作过程中都可能产生误差。这种误差可以分为两类, 即偶然误差和系统误差。偶然误差符号有正有负, 在样品数量较大的情况下, 可以接近于相互抵消, 系统误差则始终是同一个符号, 对取样最终结果的正确性影响颇大, 因此必须检查其有无, 并采取相应的措施进行纠正, 保证取样工作的质量。不同实验室产生的误差是不一样的, 检查分为下列三种。

1. 内部检查

内部检查是指由本单位内部进行的化学分析检查。内部检查只能查出偶然误差。检查方法是选择某些基本样品的副样, 另行编号, 也作为正式分析样品随同基本样品的正样一起送往化验室分析。取回化验结果后, 比较同一样品的结果以检查偶然误差的有无与大小。当选择样品进行检查时, 应考虑矿石的各种自然类型和各种技术品级都选到, 还有含量接近边界品位的样品也须检查。检查样品的数量应不少于基本样品总数的10%。内部检查每季度至少进行一次。

2. 外部检查

外部检查是由外单位进行的化学分析检查。外部检查可以查明有无系统误差和误差的大小。系统误差可以由分析方法、化学药品质量和设备等原因引起, 在本单位是检查不出来的, 必须送水平较高的、设备较好的化验单位检查。外部检查的样品数量一般为基本分析样品总数的3%~5%, 对于小型矿床, 其外部检查样品不少于30个, 由队上或公司分期分批指定外部检查号码。当外部检查结果证实基本分析结果有系统误差时, 双方协商, 各自认真检查原因, 寻求解决办法。

3. 仲裁分析

当外部检查结果证实基本分析结果有系统误差存在, 检查与被检查双方无法协商解决时, 就要报主管部门批准, 另找更高水平的单位进行再次检查分析, 这种分析叫作仲裁分析。如果仲裁分析证实基本分析结果是错误的,则应详细研究错误的原因，设法补救；如无法补救，则基本分析应全部返工。

4. 误差性质的判别

将检查分析结果与基本分析结果进行比较，若有 70% 以上的试样的绝对误差偏高或偏低，即认为存在系统误差，否则为偶然误差。通过此法判别有系统误差后，还应进一步采用统计学方法确定有无系统误差以及其值的大小，同时决定能否采用修正系数进行改正等处理方法。

二、技术取样

技术取样又称物理取样，是指为了研究矿产和岩石的技术物理性质而进行的取样工作。其具体任务是：对一部分借助于化学取样不能或不足以确定矿石质量的矿产，主要是测定与矿产用途有关的物理和技术性质。例如，测定石棉矿产的含棉率、纤维长度、抗张强度和耐热性等，测定建筑石材的孔隙度、吸水率、抗压强度、抗冻性、耐磨性等。对一般矿产，主要是测定矿石和围岩的物理机械性质，如矿石的体重和湿度、松散系数、坚固性、抗压强度、裂隙性等，从而为资源储量估计以及矿山设计提供必要的参数和资料。为此项任务而进行的技术取样又称为矿床开采技术取样。

矿石技术样品包括矿石体重、矿石相对密度、矿石孔隙度、矿石块度、岩（矿）石物理力学性质等方面的测试样品，其采样和测试方法分述如下。

（一）矿石体重的测定

矿石体重又称矿石容重，是指自然状态下单位体积矿石的质量，以矿石质量与其体积之比表示。矿石体重是估算资源量/储量的重要参数之一，其测定方法一般分为小体重和大体重两种。

（1）小体重法：利用打（拣）块法采集小块矿石（5~10cm 见方），采回后立即称其重量，然后根据阿基米德原理，采取封蜡排水的方法确定样品的体积，即可求出样品体重。由于所采集的样品（标本）不能包括矿石中较大的裂隙，因而可视为矿石的密度。这种方法一般需要测定 20~50 个样品。

（2）大体重法：在具有代表性的部位以凿岩爆破的方法（或全巷法）采集样品，在现场测定爆破后的空间体积（所需体积应大于 $0.125m^3$）和矿石的质量确定矿石体重的方法。这种方法确定的体重基本上代表矿石自然状态下的体重。一般需测定 1~2 个大样品，如果裂隙发育，则应多测定几个样品。

需要强调的是，应按矿石类型或品级采集矿石体重样品。一般来说，致密块状矿石可以采集小体重样，每种矿石类型不得小于 30 个样品，求其加权平均值；裂隙发育的块状矿石除了按同样要求采集小体重样品，还需要采集 2~3 个大体重样品对小体重值进行检查，如果两者差异较大，则以大体重的值修正小体重值。松散矿石则应采集大体重样品，且不得少于 3 个样品。对于湿度较大的矿石，应采样测定湿度；如果矿石湿度大于 3%，其体重值应进行湿度校正。

(二) 矿石相对密度的测定

物质的质量和 4℃ 时同体积纯水的质量的比值，叫作该物质的比重，又称为相对密度。矿石相对密度是指碾磨后的矿石粉末质量与同体积水质量的比值，通常采用相对密度瓶法测定。用于测定相对密度的样品可以从测定体重的样品中选出。相对密度值用于估算矿石的孔隙度。

(三) 矿石孔隙度的测定

矿石孔隙度是指矿石中孔隙的体积与矿石本身体积的比值，用百分数表示。具体确定方法是分别测定矿石的干体重和相对密度。

(四) 矿石块度的测定

矿石块度是指岩石、矿石经爆破后碎块形成的大小程度。块度一般以碎块的三向长度的平均值 (mm) 或碎块的最大长度 (mm) 表示。矿堆块度指矿石的平均块度，一般用矿堆中不同块度的加权平均值表示。块度样品采用全巷法获取，一般在测定矿石松散系数的同时分别测定不同块度等级矿石的比例，可与加工技术样品同时采集。

在矿山设计阶段，矿石块度是选择破碎机、粉碎机等选矿设备和确定工艺流程的一个重要参数。

(五) 岩 (矿) 石物理力学性质试验

该试验是为测定岩 (矿) 石物理力学性质而进行的试验，例如，为设计生产部门计算坑道支护材料提供岩（矿）石抗压强度的数据、为矿山制定凿岩掘进劳动定额以及编制采掘计划提供有关岩（矿）石的硬度及可钻性的数据等。样品采集多用打块法。

三、矿产加工技术取样

矿产加工技术取样又称工艺取样，是指为了研究矿产的可选性能和可冶性能而进行的取样工作，其任务是为矿山设计部门提出合理的工艺流程及技术经济指标，一般在可行性研究阶段进行。加工技术样品试验按其目的和要求不同可分为如下几种类型。

（1）实验室试验：是指在实验室条件下采用一定的试验设备对矿石的可选性能进行试验，了解有用组分的回收率、精矿品位、尾矿品位等指标，为确定选矿方案和工艺流程提供资料。实验室试验一般在概略研究或预可行性研究阶段进行。

（2）半工业性试验：也称为中间试验，是为确定合理的选矿流程和技术经济指标以便为建设加工技术复杂的大中型选矿厂提供依据。该项试验近似于生产过程，一般是在可行性研究阶段进行。

（3）工业性试验：是在生产条件下进行的试验，目的是为大、中型选矿厂提供建设依据或为新工艺、新设备提供设计依据。

加工技术样品的采集方法取决于矿石物质成分的复杂程度、矿化均匀程度以及试样的质量。实验室试验所需试样质量一般为 $100 \sim 200$ kg，最重可达 $1000 \sim 1500$ kg，可采用刻槽法或岩心钻探采样法获取；半工业试验一般需 $5 \sim 10$ t，工业性试验需几十吨至几百吨，通常采用剥层法或全巷法。

四、岩矿鉴定取样

采集岩石或矿石（包括自然重砂和人工重砂）的标本，通过矿物学、岩石学、矿相学的方法，研究其矿物成分、含量、粒度、结构构造及次生变化等，为确定岩石或矿石的矿物种类、分析地质构造、推断矿床生成地质条件、了解矿石加工技术性能以及划分矿石类型等方面提供资料依据。部分矿产还需借助于岩矿鉴定取样方法测定与矿石质量和加工利用有关的矿物或矿石的加工技术性能，如矿物的晶形、硬度、磁性以及导电性等。

研究目的不同，岩矿鉴定采样的方法也有所不同：

（1）以确定岩石或矿石矿物成分、结构构造等为目的的岩矿鉴定，一般利用打（拣）块法采集样品。采样时应注意样品的代表性，而且尽可能采集新鲜样品。

（2）以确定重砂矿物种类、含量为目的的重砂样品分为人工重砂样或自然重砂样。人工重砂样一般采用刻槽法、网格打（拣）块法、全巷法或利用冲击钻探方法获取；自然重砂样是在河流的重砂富集地段采集。

（3）以测定矿物同位素组成、微量元素成分为目的的单矿物样品常用打（拣）块法获取。

除上述各种取样外，为了解矿床有用元素赋存状态，有时需要进行专门取样分析鉴定研究，特别是在发现新的矿床类型或矿化类型时，这种取样分析具有重要意义。

第四节 样品分析、鉴定、测试结果的资料整理

一、样品的采集和送样

样品采集后，要仔细检查和整理采样原始资料。具体工作包括：①在送样前要确认采样目的已达到设计和有关规定的要求；②所采样品应具有代表性，能反映客观实际；③采样原则、方法和规格符合要求；各项编录资料齐全准确；⑤确定合理的分析、测试项目；⑥样品的包装和运送方式符合要求。

采集标本应在原始资料上注明采集人、采集位置和编号。标本采集后，应立即填写标签和进行登记，并在标本上编号以防混乱。对于特殊岩矿标本或易磨损标本应妥善保存，对于易脱水、易潮解、易氧化的标本应密封包装。需外送试验、鉴定的标本应按有关规定及时送出。一般的岩矿、化石鉴定最好能在现场进行。阶段地质工作结束后，选留有代表性和有意义的标本保存，其余的可精简处理。标本是实物资料，队部（公司）和矿区都应有符合规格要求的标本盒、标本架（柜）和标本陈列室。

样品要使用油漆统一编号。样品、标签、送样单三者编号应当一致，字

迹要清楚。送样单上要认真填写采样地点、年代、层位、产状、野外定名和岩性描述等内容，并注明分析鉴定要求。

对于需要重点研究或系统鉴定的岩矿鉴定样品，必须附有相应的采样图。委托鉴定的疑难样品应附原始鉴定报告和其他相应资料。

二、样品分析、鉴定、测试结果的资料整理

收到各种分析、鉴定或其他测试结果后，先作综合核对，注意成果是否齐全，编号有无错乱，分析、鉴定、测试结果是否符合实际情况。如果发现有缺项，则应要求测试单位尽快补齐；若出现错乱或与实际情况不符，应及时补救或纠正，有时需要重采或补采样品，再作分析或鉴定。在确认资料无误后，才登入相关图表，交付使用。

对分析、鉴定的成果资料要按类别、项目进行整理。一般先进行单项的分析研究，找出其具体的特征，再进行项目的综合分析、相互关系的研究，编制相应的图件和表格。同时校正岩石和矿物的野外定名，进一步研究地层、岩石、矿化带的划分和矿体的圈定及分带，以及确定找矿标志等，必要时，对已编制图件的地质和矿化界线进行修正。

内、外检分析结果应按国家地质矿产行业标准及时进行计算（可能时应每季度计算一次），编制误差计算对照表，以便及时了解样品加工和分析的质量，当发现偶然误差超限或存在系统误差时，应立即向相关分析或测试部门反映，同时采取必要的补救措施。

由于样品的化验、鉴定成果对于综合整理研究工作十分重要，因此在项目多、工种复杂、样品数量较大的分队（或工区）可设专人负责管理这项工作。

第四章 煤矿保水开采技术

第一节 保水开采的概念

一、隔水层与导水通道

不同的煤岩具有不同的隔水性能。通常把导水性能很弱的岩层称为隔水层。水体和开采空间之间有无足够厚度的隔水层或能否保证有足够的隔水性能，是实现保水开采首先要考虑的问题。

煤岩的隔水性能视岩性、成岩情况和矿物成分以及结构面而异。

岩性是评价覆岩隔水性的最重要依据。影响覆岩隔水性能的主要因素是岩石颗粒的大小及其胶结形式。颗粒越小，级配越适当，隔水性能就越好。岩石中的矿物成分主要是指岩石中黏土和可溶性矿物成分的含量，岩石中含黏土、蒙脱石、高岭土、铝土、伊利石、水云母等矿物成分愈多，岩石的隔水性能愈好。一般情况下，黏土（颗粒直径小于0.005mm）所占比例是衡量隔水性的简易指标。黏土含量大于30%的岩层是良好的隔水层，黏土含量为11%~30%的岩层可作为相对隔水层，黏土含量小于11%的岩层隔水性能则很差，黏土页岩和泥质页岩等塑性岩层隔水性能较好。

岩石颗粒间胶结物的性质对隔水性能也有明显影响。若颗粒间是硅质或钙质胶结物，则岩石强度较大，且不易风化和泥化，开采前为良好的隔水层，开采后即使受压力作用，也不易恢复其隔水性能。若颗粒间为铁质胶结物，则岩石强度较小，较易风化和泥化，这类岩石受压后能部分恢复隔水性能。

地下开采引起岩层移动和破坏所形成的顶（底）板导水裂隙是主要的导水通道。采动引起的断层和陷落柱的活化是另一个重要的导水通道。因此，研究掌握具体开采地质条件下的采动岩体导水裂隙发育和演化规律是评价煤层开采是否沟通水体的基础。

二、保水开采

保水开采的概念包括下列三个层次的内涵：首先，要避免采煤工作面发生突水事故，实现工作面安全高效开采；其次，采取技术措施减少采煤对地下含水层的破坏程度，保护地下水资源；最后，要对矿井疏排水进行资源化利用，一定程度上实现"煤水共采"，同时对采煤破坏的含水层进行恢复和再造。

目前，保水开采的难点主要体现在两个方面：其一，在某些开采条件下，由于没有掌握其特殊采动覆岩破坏的规律，出现预想不到的异常突水灾害；其二，在西部干旱和半干旱矿区，尤其在浅埋煤层条件下，采煤必然引起含水层破坏和地下水流失，对地面植被和环境的影响较大，采煤与保水的矛盾非常突出。限制采煤从而保护地下水资源和区域环境，就目前而言是难以实现的，因此必须研究减少采煤对地下含水层破坏程度的技术措施，或研究对采煤破坏的含水层进行恢复和再造的技术。

第二节　开采引起的岩层导水裂隙演化规律

一、覆岩关键层对顶板导水裂隙带发育高度的影响

尽管上述基于经验统计的导水裂隙带高度确定方法满足了我国多数矿井条件水体下采煤设计的要求，但在某些特定条件下上述导水裂隙带高度确定方法不能体现特殊的覆岩结构与破断特征，导水裂隙带高度明显大于按上述导水裂隙带高度计算方法得到的值，引起了一些异常突水灾害的发生。研究发现，此类异常突水灾害发生原因排除断层构造和原生裂隙发育等水文地质因素，而主要受覆岩主关键层位置的影响。所谓覆岩主关键层，是指覆岩最上部的关键层，一旦主关键层破断，将引起其上部所有岩层直至地表的整体破断和移动。

当覆岩主关键层与煤层距离较近时，顶板导水裂隙带高度明显偏大，覆岩主关键层位置影响顶板导水裂隙带高度。

覆岩主关键层位置影响导水裂隙带高度。覆岩主关键层位置影响导水

裂隙带高度的原因在于：当主关键层位于距离开采煤层较近的下位并小于某一临界距离时，由于主关键层下的可压缩回转空间相对较大，主关键层破断时结构块体的下沉量、回转量较大，使得主关键层破断裂隙张开度较大并一直延展发育至基岩顶部；相反，当主关键层与煤层距离较远时，由于主关键层下的可压缩回转空间较小，导致其破断时结构块体的下沉量、回转量较小，裂隙张开度较小，导水裂隙带高度发育不到基岩顶部。

当覆岩主关键层距离开采煤层距离小于 7~10 倍采高时，顶板导水裂隙带发育高度将达到基岩顶部。

二、顶板导水裂隙侧向边界发育规律

（一）导水裂隙侧向边界发育特征

实测和实验室模拟研究发现，顶板导水裂隙边界发育具有如下特征：

（1）导水裂隙边界形状为马鞍形，最大高度在煤壁的斜上方。

（2）导水裂隙侧向边界超出开采边界。

（3）由于在工作面两侧导水裂隙边界发展高度大且超出开采边界，因此此处最容易沟通水源而导致突水。

（4）对于老采空区突水防治，如采用留设防水隔离煤柱的方法，不仅要考虑防水煤柱的稳定性，而且要考虑防水煤柱两侧采空区顶板导水裂隙在侧向沟通的可能性。当采空区防水煤柱宽度小于 2 倍顶板导水裂隙侧向边界宽度时，两侧采空区顶板导水裂隙侧向边界将会沟通，导致老采空区突水灾害。此时，必须通过采前钻孔放水措施，将老采空区积水的标高降低到两侧采空区顶板导水裂隙侧向边界沟通位置以下。

（二）导水裂隙侧向边界发育的影响因素

1. 采高对导水裂隙侧向边界的影响

导水裂隙边界与采高的关系十分密切，随着采高增大，导水裂隙侧向边界范围随之增大。当总采高一定时，分层开采和一次采全高两种条件下的导水裂隙侧向边界发育宽度无明显差别。

2.采深对导水裂隙侧向边界发育的影响

（1）采深的变化对导水裂隙发育高度影响不大。

（2）某矿地质条件下，在采深700m以内，导水裂隙侧向边界发育宽度随采深增大而增加；采深700m条件下达到最大，为48m；采深大于700m以后，导水裂隙侧向边界发育宽度基本不再变化。

第三节 水体下保水采煤技术

由于采动岩层移动和破坏，煤层开采对上部水体的扰动是不可避免的，轻者会改变上部水体的底界面标高和径流方向，重者则会破坏甚至疏干水体，当破坏水体的涌水量较大时会引发矿井突水灾害。矿井水文地质条件和开采技术条件是影响水体下保水开采的关键因素，因此必须对开采煤层上部水体位置和特征，水体与开采煤层间的岩层厚度、岩性与隔水性、原生裂隙发育及导水地质构造等矿井水文地质条件进行采前勘查。在查清矿井水文地质条件的基础上，需要研究掌握具体矿井采动覆岩破坏规律，判别顶板导水裂隙带发育高度，并据此判断导水裂隙是否会沟通上覆水体。如果采动导水裂隙沟通了上覆水体，则必须采取措施实现水体下保水采煤。总体而言，目前水体下保水采煤技术措施和对策主要包括隔离水体或疏降水体并结合矿井疏降水的资源化利用。事实上，有些矿区开采条件下因采煤破坏的含水层经过一定时间后会重新恢复，但目前对含水层采动破坏后恢复的条件尚缺乏研究。

一、隔离水体技术措施

（一）水体下采煤的安全煤岩柱留设

在煤层至水体底面垂直距离很近的条件下，顶板导水裂隙会沟通水体，为隔离水体，在水体与煤层开采上限之间留设一定垂深的岩层块段和煤层，称为安全煤岩柱。根据防水、防砂和防塌的不同要求，安全煤岩柱可分为防水安全煤岩柱、防砂安全煤岩柱和防塌煤岩柱。留设安全煤岩柱的实质是确定合理的开采上限，保证导水裂隙带或垮落带不波及水体。这个开采上限对水平的煤层群来说是某一煤层，对于倾斜煤层来说是煤层的某一标高。留设防水安全煤岩柱会使一部分煤炭资源成为呆滞煤量而无法开采，影响煤炭采出率。

1. 留设防水安全煤岩柱

在各种大型地表水体下、需要保护的生产和生活水源地水体下、富水性强且补给充足的松散含水层和基岩含水层下采煤，需要留设防水安全煤岩柱。

2. 留设防砂安全煤岩柱

在松散弱含水层底界面至煤层开采上限之间，为防止流沙溃入井下而保留的煤和岩层块段称为防砂安全煤岩柱。留设防砂安全煤岩柱的前提是，允许导水裂隙带波及松散层，但不能让其中的垮落带触及松散层底部。防砂安全煤岩柱适用于水体与煤层之间有隔水层的条件。在防砂安全煤岩柱下开采时，可能会导致矿井涌水量增加，但由于隔水层的作用，不会发生溃水溃砂事故。

在开采急倾斜煤层时，一般只留设防水安全煤岩柱，只有在十分有利的条件下，才留设防砂安全煤岩柱，并且在留设时一定要考虑到煤层本身的抽冒及重复采动的影响。

3. 留设防塌煤岩柱

在松散黏土层和已经疏干的松散含水层底界面与煤层开采上限之间，为防止泥沙塌入采空区而保留的煤和岩层块段称为防塌煤岩柱。在留设防塌煤岩柱时，是允许导水裂隙带和垮落带波及松散弱含水层底部的，所以在开采过程中采区涌水量会有所增加，但不会发生灾害性的后果。

(二) 降低顶板导水裂隙带发育高度

利用充填开采、部分开采、分层间歇开采和限厚开采等方法，可以降低覆岩破坏高度和导水裂隙带发育高度。采用充填开采可使覆岩不出现垮落带，采用部分开采方法 (如条带开采方法) 可减少导水裂隙带高度，而分层间歇开采时覆岩的垮落带和裂隙带高度比一次采全高要小。这些方法对水体下保水采煤有利。

（三）注浆堵截水源

采用水泥、黏土或其他黏结性材料注入含水层的孔洞中，形成地下挡水帷幕，以切断地下水的补给通道，然后进行局部疏水采煤。

采用这些措施时，一定要因地制宜，一方面要根据水体自身的特点，另一方面要根据矿区的地形、地层特点等确定方案。从实践效果来看，在含水层厚度较小，补给通道集中，水文地质条件清楚、具备可靠隔水边界的砂岩或石灰岩岩溶含水层中采用帷幕注浆方法堵水，是一种技术上可行和经济上合理的方法。

二、疏降水体技术措施

疏降水体是水体下采煤的一项有效而又常常是迫不得已的措施，即利用矿井排水系统开掘疏水巷道或钻孔，疏降上部水体，减少煤层开采时上覆水体的涌水量，实现安全高效采煤作业。疏水采煤分为先疏水后采煤和边疏水边采煤两种情况，同时对疏降水进行资源化利用，实现"煤水共采"。

根据我国水体下开采的经验，疏降水体技术措施适用于煤层上覆水体为弱或中弱含水层，水体的水量不太大而水源补给有限，且能够实现预先疏干的条件。

疏降水体措施的优点是煤炭回收率高，生产安全。其缺点是必须增加疏排水设备及必要的辅助工程，增加煤炭成本；有时由于疏降水体改变了水体的自然循环，以致影响工农业生产及人民生活和生态环境。

（一）钻孔疏降

钻孔疏降是现场应用最为普遍的疏降方法。可在工作面上方地表打大口径钻孔、安装深井泵排水疏降，亦可在工作面上、下巷道内向煤层顶板含水层打钻孔放水疏降。

（二）巷道疏降

巷道疏降就是有意地把运输大巷、石门和上、下山等主要巷道布置在需要疏降的含水层内，利用巷道揭露岩溶裂隙水和溶洞水等基岩水，采用大泵量排水，降低水位。这种一巷两用的办法比较经济。

联合疏降就是根据地质采矿条件、含水层特点及矿井开拓布局，先掘进疏水巷道或石门，再在其中打钻孔穿透含水层放水。有时直接在地面打直通式放水钻孔，穿透放水石门，安装放水设施，进行疏排降压。

(三) 回采疏降

回采疏降就是让回采工作面的涌水顺着运输巷道自动排出，达到疏降水体的目的。回采疏降适用于弱含水层和补给来源有限的含水层。

当回采上限接近全砂含水松散层时，可以先回采深部煤层，以利于疏干含水层，再提高开采上限，回采浅部煤层。

矿井疏排水是宝贵的资源，必须加以利用。对于缺水矿区，通过对矿井疏排水的合理利用，一定程度上可达到矿区"煤水共采"的效果。

三、含水层采动破坏后的恢复与再造

我国西部干旱和半干旱矿区含水层采动破坏后的恢复状况对地表植被和区域环境的影响很大，因此研究其含水层采动破坏后的恢复问题具有非常重要的意义。

实际观测资料表明，有些条件下含水层采动破坏后能够很快恢复。例如，神东矿区补连塔煤矿 31401 工作面地面钻孔水位观测结果表明，随着覆岩主关键层的破断，顶板导水裂隙发育至基岩顶界面，钻孔中的松散层含水层水位由孔口以下 10m 逐步下降，直至全部漏失至孔底。但随着工作面的继续推进，覆岩主关键层的回转使得导水裂隙逐步闭合，加上松散层中的沙和黏土对导水裂隙的弥合作用，钻孔水位很快又逐步回升，在工作面采过钻孔位置 120m 后，钻孔水位基本恢复到采前状态。但在有些条件下含水层采动破坏后长期不能恢复。例如，神东矿区锦界煤矿 93105 工作面地面钻孔水位观测结果表明，随着覆岩主关键层的破断，顶板导水裂隙发育至基岩顶界面，钻孔中的松散层含水层水位由孔口以下 20m 逐步下降，最后直至全部漏失至孔底。在工作面回采结束一年以后，钻孔水位也没有恢复。

对于含水层采动破坏后长期不能恢复的开采条件，应当考虑采用人工再造含水层的技术措施。例如，根据覆岩主关键层破断特征，选择覆岩主关键层破断裂隙不易闭合的区域，如开切眼、停采线、煤柱边界线附近及关键层板弧三角破断线等位置，在地面进行钻孔注浆修补破断关键层尚没有闭合的破断裂隙，阻断松散层含水层水向采空区漏失的通道，从而使得受采动破坏的松散层含水层重新具有储水功能，实现含水层的再造。

第四节　承压含水层上保水采煤技术

一、底板突水类型

(一) 根据突水动态表现划分

可分为缓冲型、爆发型和滞后型。

缓冲型突水发生在采掘工作地点附近，它的特点是突水量由小到大逐渐增加，经过几小时、几天甚至几个月才达到峰值，地质构造、矿山压力、水压或它们的综合作用都可能导致这类突水的发生。

爆发型突水的主要原因是构造破坏，该类突水直接在采掘工作地点附近发生，它的特点是突水来势猛，速度快，冲击力大，常有岩块碎屑伴水冲出，突水量瞬间达到峰值。如果排水不及时，将可能淹没采区、水平或整个矿井。

滞后型突水发生在采掘工作面推进到一定距离后，滞后时间为几天、几个月甚至几年。这类突水多由采动初次来压或周期压力，水压力长期作用，隔水层逐渐破坏而发生。

(二) 根据突水量大小划分

可分为小型突水、中型突水、大型突水和特大型突水。

(三) 根据突水地点划分

可分为巷道突水和回采工作面突水。

巷道突水的主要原因是结构破坏，承压水通过裂隙或结构破碎带进入底板，形成充水，一旦巷道揭露出来后，承压水将迅速涌入。

回采工作面突水多以采矿破坏为主，矿山压力破坏削弱了底板隔水层的厚度和强度，造成与含水层的密切水力联系。

(四) 根据突水通道划分

可分为断层突水、岩溶陷落柱突水和底板采动裂隙突水。统计表明，70% 的底板突水与断层构造有关。

(五) 根据底板突水机理及与采掘工作的关系划分

可分为构造揭露型突水、断层采动型突水和底板破坏型突水。

1. 构造揭露型突水

这里的构造主要是指断层，但也包括岩溶陷落柱。当采掘工作面接近或揭露这些含水构造时，极易引起爆发型突水，且突水量一般很大。

2. 断层采动型突水

采掘工作面揭露断层时并不导水，在回采工作面的推进过程中引起底板和四周煤岩体的移动变形，从而造成断层面的相对移动和活化，底板岩溶水沿断层上升，引发滞后型突水。

3. 底板破坏型突水

第一种是底板隔水层较薄，节理裂隙发育，当回采工作面推进一段距离时，造成底板裂隙扩展破坏而突水；第二种是底板灰岩中有岩溶通道，在回采工作面推进过程中，引发岩溶顶部岩层破坏塌落，剩余隔水层隔水能力不足，从而发生底板破坏型突水。

二、承压含水层上采煤的理论依据

(一) 底板突水系数理论

在底板突水预测方面，我国矿区普遍采用突水系数法。该方法是从大量长期的突水实测资料和统计分析中得出的一种规律性认识，并且逐步得到修正。当计算的突水系数小于临界突水系数时，可以实现安全开采，否则存在突水危险。

（二）底板突水的"下三带"理论

根据煤层底板破坏情况和岩溶水的导升情况，将采空区下方煤层底板岩层分为底板采动导水破坏带、底板阻水带和底板承压水导升带，即所谓的"下三带"。

1. 底板采动导水破坏带

底板采动导水破坏带是煤层底板受开采活动的影响产生的采动导水断裂范围。底板采动导水破坏带发育深度的主要影响因素包括以下几种：

（1）采煤方法。采煤方法对底板破坏深度的影响主要表现在是增大还是减小直接顶和基本顶的悬顶距和冒落面积。顶板悬顶距越大，超前支承压力峰值越大，对底板破坏越严重。

（2）工作面长度。工作面越长，矿山压力显现越充分，底板破坏深度越大。

（3）煤层采高。煤层采高是影响顶板垮落高度和采空区充填的重要因素。采高增大后，前支承压力的绝对量随之增大，底板破坏深度也就增大。

（4）顶底板的岩性和结构。顶板的岩性和结构通过影响悬顶状况、冒落面积、冒落高度和来压步距影响超前支承压力，从而影响底板破坏深度，而底板的岩性和结构影响阻止底板破坏的能力。

2. 底板阻水带

底板阻水带是位于煤层底板采动导水破坏带以下、底部含水体以上具有阻水能力的岩层范围。此带内岩层由于受到支承压力的作用，可能产生弹性或塑性变形，但仍然能保持连续性。底板阻水带的厚度可能大小不一，甚至可能不存在。

3. 底板承压水导升带

底板承压水导升带是指煤层底板承压含水层的水在水压和矿压的作用下上升到其顶板岩层中的范围。由于节理裂隙发育的不均匀性，底板承压水导升带上界参差不齐。通常断层附近的承压水导升带高度比一般岩层中的大，有些矿区也有可能无底板承压水导升带。

底板承压水导升带高度可采用物探和钻探方法确定，一般可在井下巷道中用电测方法进行探测，必要时采用钻探验证。

(三)底板突水的隔水关键层理论

对底板突水机理的分析，无论是突水系数法或"下三带"理论，都没有注意到煤层底板作为层状岩体的板结构特征和破坏机制，也没有注意到厚硬岩层在阻止底板突水中的力学骨架作用。从华北型煤田煤系地层构造来看，许多煤田煤层底板以下、含水层以上均有一层较坚硬的岩层，因此如果将煤层底板采动破坏带以下、含水层以上承载能力最大的一层岩层定义为底板隔水关键层，那么根据采场不断推进的特点，在底板隔水关键层达到极限破断跨距以前，隔水层中的其他各岩层均早已达到了极限破断跨距，因此隔水层中各岩层和顶板冒落矸石的重力荷载便可看作底板隔水关键层上的载荷或承压水的部分平衡荷载，对采场底板突水机理的研究就简化为底板隔水关键层破断条件及破断后各岩块平衡关系的研究。根据隔水关键层的板结构特征和采空区卸载空间的边界条件，在没有断层构造条件下，底板岩体的隔水关键层结构模型便简化为在均布荷载下四周固支的矩形薄板。

第五节 矿井水的资源化利用

一、概述

我国水资源具有总量丰富、人均占有量贫乏的特点。资料表明，我国水资源总量为28124亿立方米，位居世界第六；人均占有量仅2340立方米，约为世界人均占有水量的1/4，被联合国列为世界13个贫水国之一。另外，由于我国水资源主要来源于降水，而降水受大气环境、海陆位置以及地形、地势等因素的影响较大，水资源分布在空间和时间上均表现为极不均匀，总体格局为南方多、北方少，东南多、西北少，夏季多、春秋冬季少。

然而长期以来，矿井水的排放并未受到足够的重视，大量的矿井水被白白排放掉而未加以综合利用和保护，不仅污染了水资源，而且加速了工业和生活用水的短缺。随着科学技术的发展和环保意识的提高，人们对矿井水的处理有了新的思路，即矿井水资源化。

矿井水资源化是指将矿井水作为一种水资源加以处理利用的方法。它能减少废水排放量，降低排污费，节省自来水，节约水资源费和电费，实现"优质水优用，差质水差用"的原则，减轻或避免长距离输水问题，为矿区创造了明显的经济效益。它开辟了新水源，减少了淡水资源开采量，减除矿井水对地表水系的污染，堵住污染源，保护地表水资源，保护和美化矿区环境，具有显著的环境效益。另外，它缓解了矿区严重缺水状况，帮助解决职工吃水难、用水难的问题，缓解城市供水压力，具有良好的社会效益。因此，矿井水资源化实现了经济效益、环境效益和社会效益的统一。

从矿井水资源化的角度，根据其物理化学性质，一般可将其划分为5种类型，即洁净矿井水、含悬浮物矿井水、高矿化度矿井水、酸性矿井水、含微量元素或放射性元素矿井水。

鉴于洁净矿井水只需要简单处理，含特殊污染物的矿井水较少且需深度处理，可将我国煤矿矿井水大致划分为酸性矿井水和非酸性矿井水（主要是高悬浮物矿井水）两大类。

二、矿井水的净化与利用

（一）矿井水的净化

为了最有效地净化矿井水，必须选定合适的矿井水净化工艺流程，根据矿井水的类型和含污染物的成分、工艺流程的特性、净化指标要求，选择技术上可行、经济上合理、运行简单稳定的净化工艺流程。不论采用什么样的工艺流程，其流程中最基本的工艺单元是类似的。

1. 矿井水处理的初级单元

（1）中和单元。对于显酸性的矿井水，这是必不可少的一个单元。酸性矿井水可用任何碱性物质来中和。选用何种碱性物质，取决于价格、反应性、适用性、运输方便、产生的泥状沉积物性质及所要求的净水质量。最常用的碱性物质是石灰或熟石灰，石灰对含三价铁的矿井水处理效果最好。

（2）沉降单元。在矿井水处理过程中，悬浮固体的去除一般是靠重力沉降来实现的，这些单元被称为沉降（淀）池。这是一种最经济实用的方法。沉降效果取决于池深、水在池内的停留时间和溢流率等因素。一般矩形沉降池的设计计算最简单。但最普遍采用的是辐射形（圆形）沉降池，这种池管理费用低，工程造价低，沉降污泥可靠重力排出。一般沉降池也可排除漂浮物质，多设有浮渣去除机械。

（3）在沉降池方面，较新发展的是斜管斜板沉降池，其基本原理就是大大增加池表面积，从而提高去除效率。为增强沉降效果，目前常采用添加沉降剂的方法。石灰和石灰石是常用的沉降剂。

（4）氧化单元。氧化进行的方式有空气氧化、化学氧化和电解氧化三种。空气氧化主要是曝气和充氧，化学氧化是利用氧化剂（如高锰酸钾）氧化水中污染物，电解氧化是指在任何氧化—还原剂作用下（不一定含氧）发生的氧化作用。矿井水净化中主要用到的是自然曝气充氧过程。在矿井水处理中，另一个有利方面是将二价铁氧化成三价铁，通过沉淀除掉矿井水中的铁。

（5）化学凝聚单元。矿井水中一般含有很多胶状物质，沉淀所需时间长且效果差，常采用化学凝聚法处理，即添加有机絮凝剂或无机混凝剂，消除胶体所带电荷，使之凝聚变成絮状物，迅速沉淀以达到废水净化的目的。常用的有机聚合电解质絮凝剂有聚丙烯酰胺（中）、聚丙烯酸（阴）、聚乙烯亚胺（阳），常用的无机混凝剂有铝盐、三价铁盐和镁盐。目前在矿井水处理中聚合碱式氯化铝使用效果最显著，凝聚速度快、用量少、形成的矾花大、成本低。镁盐在石灰处理工艺中有着不可替代的优势。

目前絮凝和混凝的理论和工艺发展很完善，为了增强凝聚效果，常常将助凝剂与其一起投入所处理的矿井水中。助凝剂为某种不溶于水的粒状物质，它们的投入能形成较大絮体的内核，加速凝聚和沉降作用，投加助凝剂将加大污泥量。

（6）过滤单元。只有在矿井水过滤前投加混（絮）凝剂，才能获得清澈的滤后水。在澄清池内投加混凝剂，能降低澄清池出水浊度、过滤系统的固体负荷，化学混凝后，过滤可获得100%的去除率。若不加混凝剂，滤池截除悬浮固体的效率仅为50%～80%。滤前投加混凝剂的作用是十分突出的。虽然投加混凝剂增加了成本，加大了污泥量，但缩短了过滤周期，提高了净化效果，所以混凝剂还是为矿井水处理系统所欢迎的。目前常用的滤池有重力无阀滤池、移动床滤池、微孔筛滤机、压力式深床颗粒滤池、重力式深床颗粒滤池，后两种是高速过滤系统。过滤单元的设计和选型最重要的参数是过滤周期，它与进水悬浮固体浓度、滤池的水力负荷、滤料的种类和尺寸密切相关。

（7）消毒单元。由于矿井水受到人类生产生活活动的污染而含有大量细菌，在处理工艺中必须加以消毒灭菌。一般在过滤后加氯消毒。

前面述及的7个单元为矿井水处理工艺的初级单元，可以根据矿井水的成分、净化要求优化组合，形成矿井水的初级净化处理工艺流程。对于比较清洁的矿井水，经过初级净化处理，便可以达到资源化利用的目的。

（8）辅助单元。在矿井水净化处理工艺中，各单元均产生大量的污泥，对这些污泥必须妥善处理。一般采用板框式压滤机、自动清料间歇式压滤机、连续旋转压滤机等机具进行固液分离处理。处理后的污泥根据其成分特性，或做水泥原料，或做肥料，或做煤泥燃料，或填埋处理。

2. 矿井水深度处理单元

针对矿井水中重度污染的因子，单纯的初级处理单元的组合是无法脱除干净的。经初级处理后的矿井水仍可能有一些无机盐类、金属和有毒物质超标，达不到用水标准，因此应有针对性地增加一些深度处理单元，以解决这一问题。

（1）高硬度去除单元。对于高硬度的矿井水，可采用石灰软化法。在不需要彻底去除硬度的场合，该方法可将硬度降低到 $80 \sim 100\text{mg/L}$，远低于生活饮用水标准。本方法的运行费用比电渗析法和离子交换树脂法的费用低得多。

（2）除铁单元。初级处理后的铁、锰超标，与初级工艺的曝气不充分有关，可利用高锰酸钾处理池去除铁、锰。铁、锰的氧化速度随着水温升高、搅拌强度增加而加快。反应发生后，锰盐就沉析出来，形成矾花沉淀并能网捕其他胶体物质。该方法还能漂白水，去除水中异味，并能去除 90% 的酚，是一种经济高效的深度处理单元。

（3）脱硫单元。电渗析脱硫是一种成熟的技术，其他如离子交换法、反渗透法等均可作为有效的硫酸盐脱除单元，但其造价高、运行费用大、维护复杂，限制了它们的使用和推广。

（4）脱氟单元。去除矿井水中氟的主要方法有石灰沉淀法、活化铝吸附法等。在水中投加石灰后就形成氟化钙沉淀。

3.矿井水处理的高级单元

在矿井水资源化过程中，如经过初级处理和深度处理仍达不到用水标准，就要采取更高一级的处理单元来处理矿井水，主要有电渗析单元、反渗透单元、离子交换单元、蒸馏法单元、生物脱硝单元。

这些工艺技术先进，脱除效率高，可成为矿井水终极处理方法。但一般来讲，这些高级处理单元往往工程造价高、运行费用高、维护维修复杂且费用高，尤其是当操作管理不当时，会使处理后达标的矿井水变得昂贵，如果不是十分缺水的地区，一般不采用这样的工艺设计。

(二) 矿井水资源化利用

我国矿井水的利用方式有以下几种：

(1) 煤炭加工。腐竹工厂、机修厂、贮煤厂、选煤厂补给水。

(2) 井下采掘。注浆防灭火、工作面充填、钻孔施工、设备冷却、空气调节、机具保养、循环冷却水。

(3) 矿区生活。游泳池、锅炉补给、矿区绿化、道路洒水、消防用水、冲洗、生活饮用。

(4) 其他用途。市政杂用、城市绿化、冷却水、建筑、水库、灌溉。

目前，我国煤矿矿井水净化后供生活饮用的水量已达 50×10^4 立 m^3/d。但矿井水总的利用率仍然低于25%，仍有很大的发展空间。

第五章　煤矿减沉开采技术

第一节　开采引起的地表沉陷规律

一、地表移动和破坏的形式

因地下采矿活动引发覆岩移动直至地表，使地表产生移动、变形和破坏。地表移动和破坏与煤层采深、采厚、覆岩产状和岩性、地表形态和采煤方法等因素密切相关。地表移动和破坏的主要形式有以下几种。

(一) 地表移动盆地

当工作面推进长度达到一定值时，开采影响波及地表，使地表产生移动和变形，在采空区上方的地表将逐渐形成一个比采空区面积大的沉陷区域，这种地表沉陷区域称为地表移动盆地，或称为下沉盆地。

在地表移动盆地的形成中，原有地表的标高和水平位置发生变化，这对位于影响范围内的建 (构) 筑物、铁路、管线等产生了不同程度的影响。

(二) 裂缝与台阶

在地表移动盆地外边缘区，地表经常出现裂缝。裂缝的深度和宽度受有无第四纪松散层及其厚度、性质和变形值大小影响较大。若第四纪松散层为塑性大的黏性土，一般拉伸变形值超过 $6 \sim 10mm/m$ 时地表才出现裂缝；若为塑性小的砂质黏土或岩石，地表拉伸变形值只需 $2 \sim 3mm/m$ 时地表即可产生裂缝。

地表裂缝一般平行于采空区边界发展。对于浅埋煤层开采，经常产生平行于工作面的地表裂缝，随着工作面向前推进，裂缝经历先张开而后闭合的过程。裂缝一般在地面以下 5m 左右消失，个别裂缝的深度能达到 20m，甚至出现较大的台阶状下沉。

(三) 塌陷坑

急倾斜煤层开采时，煤层露头处附近地表往往呈现出严重的非连续性破坏，形成漏斗状塌陷坑。缓倾斜或倾斜煤层开采浅部区域时，地表有时也会出现非连续性破坏，也可能出现塌陷坑。

地表出现的裂缝、台阶或塌陷坑对位于其上的建筑物、铁路和水体危害极大。因此，在"三下"采煤时，应尽可能避免其出现。

二、地表移动盆地的形成及特征

(一) 地表移动盆地的形成

地表移动盆地是在工作面推进过程中岩层移动由下向上传递到地表的最终反映。通常，当工作面距开切眼的距离达到 $(1/4 \sim 1/2) H_0$（H_0 为平均采深）时，地表受开采影响开始出现下沉。习惯上把开采影响开始波及地表的开采空间宽度称为起动距。随着工作面向前推进，地表的影响范围不断扩大，下沉值不断增加，最终在地表形成一个比开采范围大的下沉盆地。

工作面推进过程中形成的地表移动盆地称为动态盆地。当工作面推进到停采边界后，虽然采煤工作结束，但是地表移动并未立刻停止，而是还要延续一段时间才逐渐稳定下来并趋于静止，形成一个最终地表移动盆地，又称为静态移动盆地。

(二) 地表移动盆地的特征

为了研究方便，常选取移动盆地主断面作为研究对象。主断面是指通过盆地内最大下沉点沿煤层倾向或走向的垂直剖面。显然，主断面上地表移动盆地的范围最大，地表的移动值最大。为了研究开采引起的地表最大的移动和变形，在大多数情况下，只要研究主断面内的地表移动和变形就可以满足工程需要。

地表移动盆地的范围总是比采空区的面积大，它的形状取决于采空区的形状及煤层倾角大小。当采空区为长方形时，移动盆地大致呈椭圆形，它与采空区的相对位置取决于煤层倾角。

1. 超充分采动的地表移动盆地

超充分采动的地表移动盆地有以下特征：

（1）地表移动盆地位于采空区正上方，盆地的形状与采空区对称。

（2）主断面上的地表下沉曲线分为三段或两段，采空区上方的中间区下沉值最大，并且下沉均匀；采空区上方的内缘区下沉值不相等；地面向盆地中心倾斜，呈凹形，使地表产生压缩变形；煤柱上方的外边缘区下沉值不相等，地面向盆地中心倾斜，呈凸形，使地表产生拉伸变形，当拉伸变形超过一定值后，地表可能产生裂缝。

（3）下沉曲线的凹凸边缘区分界点称为拐点。在理想条件下，拐点位于煤柱与采空区交界处的正上方，真实条件下一般要偏向采空区内侧。

2. 缓倾斜和倾斜煤层地表移动盆地

该盆地有以下特征：移动盆地与采空区不对称；在倾斜方向上，上边界的开采影响范围比下边界的开采影响范围小，移动盆地偏向采空区的下边界；最大下沉值偏向采空区下边界，下沉曲线上边界的拐点偏向采空区内侧，下边界的拐点则处于采空区外侧。

3. 急倾斜煤层地表移动盆地

该盆地有以下特征：移动盆地的非对称性更显著，且明显偏向煤层下山方向；最大下沉值向采空区下边界方向偏移，地表最大水平移动值甚至大于最大下沉值；煤层底板岩层也受开采影响而出现相应的变形。

三、关键层运动对开采沉陷的影响

实践表明，具体矿井的开采沉陷规律取决于其地质采矿条件。只有正确认识和掌握地质采矿条件对开采沉陷的影响规律，才能合理有效地解决煤矿开采沉陷问题。影响开采沉陷的地质采矿条件主要包括：①煤层埋藏条件，如煤层厚度、倾角、埋深等；②覆岩与地层条件，如岩性、厚度与组合关系、关键层特征、地形与地下水等；③开采技术条件，如分层开采与一次采全高、初采与重复开采、开采速度、采空区处理方法等。

在影响开采沉陷的地质采矿条件中，覆岩岩性与组合是最为重要的因素之一。尽管许多学者认识到覆岩岩性与组合对开采沉陷的影响作用，但只是采用统计均化的方法考虑覆岩岩性与组合对开采沉陷的影响，如通过统计平均将覆岩划分为坚硬、中硬和软弱等类型来研究和预测开采沉陷。关键层理论对此提出了更符合实际的解释。

大量的实践与模拟结果表明：覆岩关键层运动影响开采沉陷，覆岩主关键层对地表移动的动态过程起控制作用，主关键层的破断将导致上覆所有岩层的同步破断与地表快速下沉，引起地表下沉速度和地表下沉影响边界的明显增大和周期性变化。

第二节 开采沉陷对地面建筑物的影响

一、地表移动变形对建筑物的影响

开采沉陷会对民房、铁路、桥梁和地下管线、高压线塔等建筑物产生影响，不同的地表移动变形参数对地面建筑物的破坏影响是不同的。

(一) 下沉对建筑物的破坏

当建筑物所处的地表出现均匀下沉时，建筑物中一般不产生附加应力，对建筑物不会带来损害。

处于地表均匀下沉区内的建筑物，在工作面推进过程中，要先后受到水平拉伸变形、水平压缩变形的影响，建筑物能承受住采动过程中地表动态变形的作用，则处于地表均匀下沉区内的建筑物受到的危害不大。

建筑物下沉使连通建筑物的各种管线的坡度发生变化。当地表下沉量较大，而地下水位又很高，引起长期积水或过度受潮时，就会影响建筑物的强度，以至危害建筑物的安全使用。

(二) 倾斜对建筑物的破坏

地面倾斜将引起建筑物歪斜，造成建筑物重心发生偏移，这样既影响了建筑物的稳定性，又使建筑物内部产生附加应力，从而使基础承载压力重新分布。

烟囱、水塔、电杆和高压线塔等底面积小而高度大的杆状建筑物受地表倾斜的影响是十分明显的。建筑物的底面积越小，高度越大，则相同倾斜所产生的附加应力也越大，建筑物将出现失稳甚至倒塌破坏。对于低层民用建筑来说，由于倾斜附加应力小，因此产生的危害一般也较小。

(三) 曲率对建筑物的破坏

曲率使地表由平面变为曲面，破坏了建筑物基础与地表之间力的平衡状态。曲率有正（凸）曲率和负（凹）曲率之分。在正曲率影响下，建筑物基础的两端处于"悬空"状态，建筑物出现上宽下窄的倒八字形裂缝；在负曲率影响下，建筑物基础成为两端有支点的简支梁，建筑物主要出现正八字形裂缝。曲率主要对长度大的建筑物影响较大，对底面积小的建筑物影响较小。

(四) 水平变形对建筑物的破坏

地表水平变形对建筑物的破坏作用很大，尤其以拉伸变形更为显著。

由于建筑物抵抗拉伸变形的能力远小于抵抗压缩变形的能力，较小的地表拉伸变形就能使建筑物产生张开裂缝。当水平拉伸变形大于 1mm/m 时，一般砖石承重的建筑物墙体就会出现细小的竖向裂隙；当压缩变形较大时，可使建筑物的墙壁和地基压碎，地板鼓起，门窗挤成菱形，砖墙产生水平裂缝，围墙产生褶曲。

水平变形也对管线影响较大，易使管线拉开、拉断和压坏。

建筑物遭受开采影响而发生破坏，往往是两种或两种以上的地表变形共同作用的结果。一般来说，地表拉伸变形与正曲率、地表压缩变形与负曲率同时出现。

由以上分析可知：使建筑物产生变形和破坏的主要原因是曲率和水平变形，在其影响下，地面建筑物墙体上将出现裂缝。裂缝是建筑物受开采影响出现的最普遍的破坏现象。

二、地表变形对铁路线的影响

铁路线路由钢轨、轨枕、道床、路基、联结件及道岔等组成，钢轨是线路最重要的组成部分，它直接承受列车的载荷，并通过轨枕和道床将载荷传至路基。

铁路下采煤时，地表移动和变形必然要通过路基反映到线路上来。目前，我国的铁路多为有轨缝线路。这种线路适应地表变形的能力较强，也比较容易维修，从而为我国推广铁路下采煤技术提供了有利条件。我国在铁路下开采的经验都是在标准轨缝铁路下采煤取得的。

连续、平缓、渐变的地表下沉和水平移动是铁路下安全采煤的条件。铁路下采煤不允许出现非连续型、突然和局部的地表移动和变形，因此，以下只讨论连续型地表移动和变形对铁路线的影响。

(一)地表移动和变形对路基的影响

1. 下沉和水平移动的影响

路基具有较强的适应地表移动的能力，在时间上和空间上与地表的变形一致。路基下沉过程中在竖直方向不会出现明显的松动和离层现象，但在下沉的同时还伴有水平移动，垂直于路基轴向的横向水平移动将改变路基的原有方向。

下沉和水平移动对路基的承载能力没有影响。

2. 倾斜的影响

地表倾斜对路基的稳定性有很大影响，特别是在高路堤、陡坡路堤及深路堑等原来稳定性较差的地段。当倾斜方向与坡体方向一致时，会使这些路堤或路堑的稳定性降低。

3. 水平变形的影响

地表水平变形使路基产生附加的拉伸或压缩变形。土质路基有一定的孔隙度，能吸收压缩变形，而拉伸变形会导致路基密实度降低，甚至产生裂缝，列车通过时的动载荷会将松散路基重新压实。

(二)地表移动和变形对线路的影响

路基的移动和变形使上部的道床、轨枕和钢轨的标高和平面位置发生变化，表现为竖直方向的下沉，水平方向的横向移动和纵向移动。由于这三种移动的不均匀性，使线路坡度、竖曲线形状、两条钢轨高差、线路方向、轨距和轨缝发生变化，进而必然对线路的工作状态产生不利影响。

1. 倾斜的影响

倾斜将使线路增减相应的坡度。沿线路方向的纵向倾斜会使线路原有的坡度发生变化。铁路部门对线路的限制坡度有明确的规定：国家一级铁路在一般地段为6‰，在困难地段为12‰；国家二级铁路为12‰；国家三级铁路为15%‰。上述各级铁路在双机车牵引时的最大坡度可为20‰。显然，线路原有坡度的变化将引起列车运行阻力的变化，超限的坡度使上坡列车的牵引力不足，使下坡列车的制动力不足。垂直线路方向的横向倾斜将使两股钢轨下沉不等，直线段将导致列车重心偏移，曲线段将改变外轨抬高高度。

2. 曲率的影响

线路相邻段不均匀倾斜将导致竖直方向上原有竖曲线的曲率半径变化，地表下沉曲线的正负曲率可使线路原有的曲率半径增大或减小。

3. 横向水平移动的影响

线路横向水平移动的大小和方向与铁路相对于开采空间的位置有关，一般情况下使线路直线段弯曲，使弯曲段的弯曲半径增大或减小。

当线路的方向与采煤工作面的推进方向一致时，位于下沉盆地主断面内的线路，其横向水平移动较小。

当线路的方向与采煤工作面的推进方向垂直，且采煤工作面要越过线路时，下沉盆地主断面内的横向水平移动总是指向采煤工作面。

当线路不在下沉盆地的主断面内时，横向水平移动往往指向采空区。

当线路与采空区斜交时，线路将由直线形变为S形。线路的横向水平移动还会使线路的轨距发生变化。

4. 纵向水平移动与变形的影响

平行于线路方向的水平移动和相应的变形与地表水平移动和变形分布范围大致相同，即在地表受拉伸区内线路受拉伸变形，在地表受压缩区内线路受压缩变形。拉伸变形使轨缝增大，可能拉断鱼尾板或切断联结螺栓；压缩变形使轨缝缩小或闭合，使钢轨接头处或钢轨产生附加应力。

我国有较为成熟的铁路下采煤技术经验，曾在沈丹线等国家干线和支线铁路下采煤。目前，对于国家干线和重要的支线铁路下的压煤，国家《铁路运输安全保护条例》是明令禁止开采的。但对于矿区铁路线下的压煤，一般都是采用全部冒落法开采，并加强线路的巡检，及时采取维修措施。例如：

（1）加宽、加高路基。

（2）用起道和顺坡的方法消除下沉对线路的影响。

（3）用拨道、改道的方法消除横向水平移动对线路的影响。

（4）用串道的方法调整轨缝来消除纵向水平移动对线路的影响。

第三节　减少开采沉陷影响的技术措施

由开采引起的地表沉陷规律及其对地面建筑物、铁路等的影响可知，若不采取任何措施直接进行建筑物下压煤开采，势必造成地表塌陷、房屋损坏，甚至危及人身安全。为此，必须采取相应的措施方可解放建筑物下压煤。

当地下开采影响到地表，并且产生的变形有可能危及地表建筑物正常使用时，最常用和可靠的方法就是在需要保护的建筑物下方留设一部分实体煤不采或暂时不采。为保护地貌、工业场地、地面建筑物、铁路、堤坝等而保留不采的实体煤称为建筑物的保护煤柱。所留设保护煤柱的面积应使周围煤炭开采时对保护对象不产生有危险性的移动和变形。该方法的最大缺点是煤炭损失大，使地下采掘布置复杂化，并有可能导致应力集中，从而带来安全威胁。但该方法是保护地面不受采动损害的最有效措施。

进行建筑物下开采的目的是在保护地面建筑物的前提下尽可能多地采出煤炭资源，而留设保护煤柱法则与此目的不太相符。因此，需要研究、探索和采用相关技术措施以实现压煤开采。常用的措施主要有两方面——井下开采技术措施和地面技术措施。其中，地面技术措施可以在采前实施，也可以在采后实施。

以下分别介绍留设保护煤柱法、井下技术措施和地面技术措施。

一、留设保护煤柱

（一）保护煤柱设计原理

1. 划定保护煤柱的建（构）筑物

在矿井、水平、采区设计时，应划定保护煤柱的建（构）筑物有：

（1）矿井无可靠抵抗地表变形措施的工业场地建（构）筑物，以及远离工业场地的矿井主要通风机及其风道等设施。

（2）国务院明令保护的文物、纪念性建（构）筑物。

（3）目前条件下采用不搬迁或就地重建等方式进行采煤在技术上不可能或经济上不合理，而搬迁又无法实现或在经济上严重不合理的建（构）筑物。

（4）煤层开采后，重要建（构）筑物所在的地表可能产生抽冒、切冒、滑坡等形式的塌陷漏斗坑、突然下沉或滑动崩塌，造成对重要建（构）筑物地基严重破坏的。

（5）建（构）筑物所在的地表下面潜水位较高，采后因地表下沉导致建（构）筑物及其附近地面积水，又不能自流排泄或采用人工排泄方法经济上不合理的。

（6）重要河（湖、海）堤、库（河）坝、船闸、泄洪闸、泄水隧道和水电站等大型水工建筑工程。

（7）高速公路、机场跑道。

2. 围护带宽度

建筑物受保护面积分两部分：一部分是地面建筑物本身的面积，另一部分是在建筑物周围增加了围护带后扩展的面积。

增加围护带的目的：一是抵消留设保护煤柱时移动角的误差引起的煤柱尺寸不足，二是抵消井上、下位置关系确定不准确而造成保护煤柱的尺寸和位置的误差。

3. 移动角

正确选择移动角是设计保护煤柱的关键。移动角是从地表移动观测站的观测成果中，根据对建筑物有害的临界变形值确定的。各矿区不同地质采矿条件下的岩层移动角值可参考《建筑物、水体、铁路及主要井巷煤柱留设与压煤开采规程》，也可有自己的移动角数值。

（二）垂直剖面法设计保护煤柱

垂直剖面法是作图的方法，即作沿煤层走向和倾向的剖面图，在剖面图上由移动角确定煤柱宽度，并投影到平面图上，得到保护煤柱边界。作图所需的资料有松散层和基岩移动角，煤层底板等高线图，井田地质剖面图，井上、下对照图。

（三）垂线法设计保护煤柱

作保护面积边界线所有角点处的垂线，并计算各垂线的长度，过各垂线的端点画直线，由所画直线的交点确定保护煤柱边界。这种计算每一条保护面积边界线垂线长度的方法称为垂线法。

受保护边界线各角点处的垂线段长度是通过公式计算得出的。根据井上、下位置不同，角点处的垂线段包括沿伪斜上山和伪斜下山两个方向，其公式也不相同。

二、减少开采沉陷影响的井下技术措施

煤层开采引起的地表变形指标均与最大下沉值成正比，因此控制了地表下沉便可有效保护地面建筑；在不能有效减少地表下沉时，通过减少变形也能够达到保护地面建筑的目的。据此，从减少地面建筑所受移动变形指标的角度出发，可以将减少开采沉陷影响的井下技术措施分为两大类：一是减少地表下沉的技术措施（即下沉控制技术），二是仅减少地表变形的技术措施（即变形控制技术）。

（一）下沉控制技术

目前常用的下沉控制技术有条带开采、房柱式开采、充填开采、部分充填开采等技术。

1. 条带开采

条带开采是将要开采的煤层划分为若干条带，各条带之间间隔开采，条带采出后，由保留条带对上覆岩层进行支撑。

该方法可有效减少地表下沉和变形，减沉率可高达80%～90%。其主要缺点是采出率低，一般为30%～60%，巷道掘进率高，开采效率低。

2. 房柱式开采

房柱式开采是从煤房或巷道中开采煤层，而在各煤房或巷道之间保留部分残留煤体作为煤柱，以支撑上覆岩层，从而达到控制地表沉陷的目的。房柱式开采具有开拓准备工程量小、出煤快、工作面搬迁灵活等优点，而且巷道压力小，围岩破坏程度低和地表下沉量小。尤其是采用房柱式连续采

矿工艺时，采煤机、装载机、梭车和锚杆机协调作业，也具有很高的生产效率。

该方法适用于近水平薄及中厚煤层，顶板中等稳定以上，瓦斯含量小，埋深一般不超过300m，房和柱的尺寸一般根据围岩性质及开采条件确定。为便于设备运行，煤房宽度应不小于5m。

应用房柱式开采技术控制地表沉陷在美国、澳大利亚、南非等国家应用较为普遍，在我国应用很少。

3. 充填开采

充填开采是利用不同充填材料对采空区进行直接充填的技术。该方法相当于减小了开采煤层的厚度，对减小地表沉陷比较有效。充填开采方法主要有水砂充填、膏体充填、矸石充填和高水材料充填等。

4. 部分充填开采

部分充填开采是相对全部充填而言的，其充填量和充填范围仅是采出煤量的一部分，它仅对采空区的局部或离层区与冒落区进行充填，靠覆岩关键层结构、充填体及部分煤柱共同支撑覆岩控制开采沉陷。全部充填的位置只能是采空区，而部分充填的位置可以是采空区、离层区或冒落区。

(二) 变形控制技术

变形控制技术就是根据不同的受保护对象，通过合理布设开采工作面，如合理设计工作面长度与推进方向以及工作面之间的相对位置、回采顺序等，让各工作面开采的相互影响能够得到有利叠加，使叠加后的变形值小于受保护对象的允许变形值，以达到减小开采对受保护对象影响的目的。

根据同采的工作面个数，变形控制技术可以分为多工作面开采变形控制技术（即协调开采技术）和单一工作面开采变形控制技术。

1. 多工作面开采变形控制技术——协调开采技术

协调开采技术是指为了减少采动对建筑物的有害影响，当几个邻近煤层、厚煤层的几个分层或同一煤层的几个工作面同时开采时，合理布置回采工作面之间的位置、错距和开采顺序，使一个工作面的地表变形与另一个工作面的地表变形互相抵消，以减少开采引起的地表动态和静态变形。

开采煤层群或厚煤层时，或在开采一个厚度较大的煤层分层时，可以同时开采上面或下面的一个较薄的煤层，并使两个煤层的工作面保持合理错距，同时推进。最好的错距是使一个工作面引起的拉伸变形区同另一个工作面的压缩变形区重叠，使在地表产生的这两种变形最大限度地相互抵消。在开采同一煤层时，把煤层划分成两个以上达不到充分采动的回采区段进行逐步开采或选取一定尺寸的特殊形状的回采区域进行回采，也可减少地表的变形。

（1）单一煤层多工作面协调开采。

①工作面顺序开采。工作面顺序开采是指将建筑物下的长工作面分为几个短工作面，按煤柱向外开采的正常顺序，逐个工作面进行回采，以减小开采对地表的影响。该方法一般仅在采深大、采厚小时采用。

②对称背向开采。当建筑物（如烟囱等）抵抗压缩变形的能力较大，而对倾斜和拉伸变形十分敏感时，可采用对称背向开采。其方法有：直接在建筑物正下方布置两个背向开采的工作面，此时建筑物始终处于压缩变形区内，不承受拉伸变形，也不产生倾斜；背向开采工作面离建筑物中心有一定的距离，该距离一般为建筑物保护煤柱临界宽度的1/4，此时建筑物所遭受的压缩变形和拉伸变形均较小，有利于建筑物的保护。

③多工作面间合理煤柱协调开采。理论分析和实测资料表明，残留于采空区内的煤柱将在一定程度上出现地表移动和变形的叠加，所以在进行相邻工作面开采时，应从控制地表变形的角度出发，对工作面间的煤柱进行合理留设。

（2）多煤层协调开采。

①分层间歇开采。分层间歇开采是在煤柱内一次只允许回采一个煤层（或分层），第二个煤层（或分层）的回采要在第一个煤层（或分层）回采结束、地表移动变形稳定后进行，以消除或减小多个煤层开采影响的叠加。

②上下煤层协调开采。同一煤层的上下分层或多煤层开采时，应避免开采边界的重叠。当两个煤层的开采边界重叠时，地表变形出现最不利叠加。

（3）厚煤层分层协调开采。厚煤层分层开采相当于两个煤层开采，故多煤层协调开采技术完全适用于厚煤层分层协调开采。

2. 单一工作面开采变形控制技术

（1）长工作面连续开采。地表移动和变形规律表明，地表不均匀下沉和地表变形主要集中在开采边界附近上方的地表处。井下每出现一个永久性的开采边界，地表就出现一个较大的地表变形区，该区域内下沉盆地中间因处于超充分采动状态而呈现出平底。又由于在一般情况下，地表的动态变形总是小于其静态变形，因此在建筑物、构筑物甚至整个城市范围内，有效地进行大面积开采，可最大限度地减少地下开采对受保护对象的影响。为此，可采用长工作面开采，使建筑物仅承受动态变形。

除采用长工作面之外，当开采面积较大的煤柱时，还应当一个工作面接一个工作面、一个采区接一个采区、一个阶段接一个阶段连续地回采下去，不应过久地停顿，以免形成永久性开采边界，使本来只承受动态变形值的地方变为承受静态变形值。在存在断层和采区边界、阶段边界时，最容易造成工作面停顿，因此应提前采取相应的措施。

（2）平行长轴开采。地下开采后，地表移动变形的主要方向总是指向采空区，即垂直于开采边界。而建筑物的抗变形能力与其平面形状有一定的关系，矩形建筑长轴方向抗变形的能力较弱，短轴方向抗变形的能力较强，而且建筑物抵抗压缩变形的能力较强，抵抗拉伸变形的能力较弱。因此，根据这些特点，在建筑物下可采用平行长轴开采：

① 当建筑物位于开采区域内时，工作面推进方向应与建筑物长轴方向垂直。

② 当建筑物位于开采区域外时，工作面推进方向应与建筑物长轴方向平行。

③ 应尽量避免工作面与建筑物长轴斜交。

三、减少开采沉陷影响的地面技术措施

如果在建筑物下采煤引起的地表变形超过建筑物允许变形并有可能导致其破坏时，也可以在地面采取相关技术措施以增大建筑物的抗变形能力，从而达到保护建筑物的目的。

常用的地面技术措施主要分为两种：刚性措施和柔性措施。

（一）刚性措施

1.加设钢拉杆、钢箍或钢筋混凝土圈梁

多数建筑物以砖石结构为主体部件，一般多因拉应力和剪应力超限而破坏。通过加设钢拉杆、钢箍或圈梁，一方面可以提高建筑物的整体性和刚度，减小梁柱接头相对滑动和墙壁偏倒等破坏；另一方面又可以增强砖石结构建筑物的抗拉和抗剪能力。

该措施耗资较少，施工也较为方便，一般应用于加固砖石结构的民用建筑。

2.抗变形建筑物

国内实践表明，建造的抗变形建筑物可以抗Ⅳ级以上采动变形，目前已在资江、阳泉、峰峰、邢台、徐州、大屯等矿区应用。该方法的主要优点是避免重复搬迁，节约搬迁用地，解决多煤层开采、村庄搬迁选址难的问题。建造抗变形建筑物费用与一般建筑物相比增加20%～30%。

3.对建筑物易损坏的薄弱环节局部加固

（1）梁端处增大支撑柱的面积或增加支撑柱，以防止在承重梁和支撑柱之间产生的相对滑动压坏支撑柱或使梁脱落。

（2）墙壁勾缝、喷浆或增设扶壁柱，以防止墙壁开裂或倾倒。

（3）由于门窗一般是建筑物的最薄弱处，建筑物损坏也往往在门窗处最为明显。设置加强门窗强度的钢筋混凝土闭合框架或堵砌一部分门窗空间，减小门窗的跨度。

上述各种加固建筑物的措施都将增加建筑物的造价，有些措施只能在建造前采用。实践中应用较多的为增设圈梁、局部加固和设置变形缝等措施。

4.组装式建筑物

组装式建筑物已在兖州进行了初步试验，可以方便地调整、搬迁和重新组装，一般用于高潜水位矿区。

（二）柔性措施

1.设置缓冲沟

在建筑物基础的外侧1～2m处设置一条深度超过基础深度200～300mm

的缓冲沟，缓冲沟内一般用炉灰和黏土等松软材料填满。在地表受到采动影响产生拉伸或压缩变形时，缓冲沟可以部分地吸收地表曲率或水平变形，使受缓冲沟保护的建筑物的水平变形小于地表的变形，从而达到保护建筑物的目的。

2. 设置变形缝

将形状复杂、载荷不同的长建筑物分割成长度较小（<20m）、形状规则、载荷一致的独立单元体，并在各单元体之间设置变形缝。该方法一方面通过减小单元长度、简化形状和载荷减轻了建筑物的实际变形，从而提高了其抗变形能力；另一方面由于存在变形缝，使得地表变形将集中于变形缝处，从而减轻了建筑物各独立单元体所需要承受的变形，保护了建筑物。

采用该方法后，建筑物的抗变形能力并不能显著提高，故该方法多用于地表变形超过建筑物抗变形能力不多的情况，也多与其他措施联合应用。

3. 设置滑动层

在建筑物基础下方，先用炉渣等低摩擦阻力系数的材料铺设一层水平滑动层。滑动层的作用与缓冲沟相似，在地表受到采动影响产生水平变形时，建筑物的基础与地表表土层之间将以滑动层为界面产生相对滑动，从而减轻了地表曲率或水平变形对建筑物的危害。

第四节　条带开采技术

一、概述

条带开采方法是将被开采的煤层划分成若干条带，采一条，留一条，使留下的条带煤柱足以支撑上覆岩层的重量，能较好地控制或减小地表移动和变形。

条带按长轴方向与煤层的走向关系可分为走向条带和倾向条带。当煤层倾角较大时，走向条带与倾向条带的差异在于留设条带煤柱的稳定性，条带工作面推进长度和搬家次数。煤层倾角加大后，走向条带煤柱的稳定性变差，但工作面推进长度较大，搬家次数较少；倾向条带的稳定性较好，但工作面搬家频繁。

条带采煤法突出的优点是开采后地表下沉小，适合于难以搬迁或搬迁成本太高的建筑物下压煤开采。

条带采煤法开采的理想地质条件是：煤层埋深为 400~500m，单一薄及中厚煤层，顶底板岩层和煤层较硬。

二、条带开采技术原理

(一) 条带开采地表沉陷机理

1. 条带开采覆岩破坏与地表沉陷机理

长壁采煤时，上覆岩层的破坏一般可分为垮落带、裂缝带、弯曲带。而条带开采时，覆岩中主要形成自然平衡拱或关键层不破断形成的梁 (板) 结构。

在煤层上覆一定高度以上覆岩应力在条带开采前后未出现明显变化，处于原岩应力状态，而在此高度之下直至煤层的上覆岩层出现明显的采动应力变化，在条带煤柱及煤柱上方岩层中形成应力增高区，在条带采空区上方则形成卸压区。

采空区上方岩体的下沉量由下往上呈现逐渐减小趋势，而条带煤柱上方岩体的下沉量则呈现逐渐增大趋势，在一定标高以上的岩体，不管是在采空区上方还是条带煤柱上方，其对应的下沉量几乎保持不变。这表明条带开采地表沉陷是由煤层顶底板一定范围内煤岩柱的累积压缩引起的。

条带开采只要尺寸选得合适，地表不会出现波浪形下沉盆地，而是出现单一平缓的下沉盆地。其他变形的分布规律与全采相似，但明显减小。在一定深度的界限以上，下沉盆地都是平缓的，在此界面以下呈波浪形。

2. 条带开采地表沉陷特点

正规条带开采引起的地表移动与变形值是很小的。一般而言，冒落条带开采的下沉系数为 0.10~0.20，大体上相当于长壁冒落开采的 1/6~1/4。由于条带开采引起的地表下沉值小，其他的地表移动和变形值也小；主要影响角正切较小，一般为 1.0~2.0；水平移动系数较小，一般为 0.2~0.3。

观测结果表明，条带开采的活跃期和移动持续时间都比全部冒落开采的短。如淮北临涣矿使用条带冒落开采时，地表移动持续时间为全部冒落开采的 35%~55%。

（二）条带开采地表沉陷的影响因素

1. 采宽与采深对条带开采沉陷的影响

（1）在面积采出率和采深相同的情况下，条带开采地表下沉和变形随着采宽的增加而增大。

（2）在面积采出率和采宽相同的情况下，条带开采地表下沉和变形随着采深的增加而增加。

2. 关键层对条带开采沉陷的影响

如果覆岩存在典型关键层，在保证地表下沉和变形不增加的前提下，可以适当增加采宽和采留比，提高采出率。因此，在条带开采设计中应考虑覆岩关键层的影响。

三、条带开采设计方法

（一）条带采出宽度的经验设计方法

条带开采的主要参数是采出条带宽度和留设条带煤柱宽度。当进行条带开采设计时，在力求使地表下沉限制在一定范围内的前提下，尽可能地提高采出率、合理确定采宽和留宽的尺寸是必须解决的技术关键。

我国已有大量的现场实践表明，当条带采宽大于或等于 $1/3H$（H 为开采深度）时，地表易出现波浪形的下沉盆地，对地面建筑影响较大。因此，为避免地表出现波浪形沉陷，采出条带宽度应等于或小于 $(1/10 \sim 1/4)H$。在此基础上，综合采出率与煤柱稳定性确定具体的采宽。

（二）条带采出宽度的关键层理论设计方法

按覆岩关键层不破断失稳设计条带采宽，条带最大采宽应不大于使覆岩主关键层发生破断失稳的极限跨距。当覆岩主关键层不是特别厚硬岩层时，为了安全起见，可以按主关键层下某一亚关键层不破断进行设计，即可按薄板模型计算关键层的极限跨距。在计算得出关键层的破断距后，结合各关键层与煤层的间距关系，以及基岩与松散层移动角，即可计算出基于某一亚关键层不破断设计的条带采出宽度。

第五节　充填开采技术

一、概述

充填开采就是利用外来材料（如矸石、砂子、碎石、粉煤灰等物料）充填采空区，达到控制岩层移动及地表沉陷的目的。

(一) 煤矿充填开采特点

采用充填开采不仅可以减少地表沉陷，同时具有提高资源回收率、处理废弃物的优点。充填开采是对岩层扰动和破坏最小的开采方法，尤其是在"三下"压煤、保水采煤、坚硬顶板管理及减灾等方面，充填开采以其高回采率和对采动岩层扰动小的优势具有无可替代的作用。近几十年来，充填开采在金属矿山的推广应用获得长足进步，但在煤矿还没有得到广泛使用，这与煤矿采用充填开采的特殊条件密不可分。与金属矿相比，煤矿充填开采的特点主要表现在以下几个方面：

1.采煤生产能力与充填生产能力均衡问题突出

众所周知，在充填开采中，采矿和充填互相制约，不继续采矿就无处充填，不充填也就不能采矿，使得由采矿和充填这两个作业环节组成的回采作业大循环共同决定矿井的开采。因此，只有实现采矿和充填的均衡，充填技术才有生命力，才会在矿山有效应用。

事实上，采煤生产能力与充填生产能力均衡问题非常突出，即目前充填生产能力与采煤生产能力无法相匹配。与金属矿山炮采工艺相比，煤炭地下采矿法早就实现综合机械化，即落煤、装煤、运煤、支护和放顶五道工序全部采用机械化作业，出现了工作面年单产百万吨以上甚至千万吨的特大型矿山，因此要求煤矿的充填技术必须适应高产高效的发展。但是，目前的充填能力一般小于 $100m^3/h$，而一个年产 100 万吨煤炭的矿井的生产能力超过 $100m^3/h$，所以煤矿充填技术无法与高产高效采煤技术相匹配。例如，抚顺老虎台矿采用采空区全部水砂充填采煤法 40 余年，为了维持年生产能力 300 万吨的水平，需 22 个采煤工作面。

2. 充填材料供需均衡问题突出

寻找丰富低廉的合适充填材料满足回填空间的要求，是充填开采方法成功应用的一个必要条件，这就是充填材料供需均衡问题。

金属矿山采用掘进废石、尾砂（占矿石开采量的 60%～99%）、冶炼炉渣等采矿废弃物作为充填料，完全解决了充填材料供需均衡的问题。同金属矿相比，煤矿自身工业废弃物比例小，煤矿的矸石一般为煤炭开采量的 15% 左右，采空区全部充填难以解决充填材料来源困难的问题。因此，采空区全部充填采煤技术只局限于在能够解决充填材料的矿区使用。例如，我国抚顺矿区由于有大量油页岩的炼油废渣作为煤矿采空区充填材料，水砂充填采煤方法被延续应用了几十年。我国新汶矿区由于有汶河优质河砂，曾采用河砂作为煤矿采空区充填材料，然而随着充填材料的枯竭，上述矿区的充填采煤方法也随之减少或消失。

3. 充填成本与采矿效益均衡问题突出

充填开采与其他开采方法相比，最大限度地采出了地下矿物资源、保证了安全生产、增加了矿山经济效益。但充填开采需要增设充填设备，增加充填工序，矿山必须为此支出充填成本。

充填成本与采矿效益均衡问题就是充填开采中因充填而增加的经济效益能否抵消充填成本。就我国煤矿充填而言，只有当充填成本小于因开采引起的土地破坏和村庄搬迁赔偿费用时，充填成本与采矿效益才实现均衡，充填技术才有生命力，才会在煤矿得到有效应用。

4. 煤系地层采后岩层移动与破坏规律复杂，充填作业时空受限

事实上，金属矿脉及其顶底板一般都属于硬岩，矿石被采出后留下的地下空间在相当长时间内可以保持稳定，因此其充填的空间非常规则和完整，而且充填的顶板岩体运动控制十分简单，基本可以实现采矿与充填作业的分离，充填与采矿作业相互干扰相对较小。而煤炭资源分布在层状沉积岩层中，当采用长壁垮落法开采时，采空区覆岩随采随垮，难以维护充填所需的空间与通道，而且顶板岩体运动控制困难，可进行传统充填作业的时间极短，煤矿充填与采矿作业相互干扰严重。

5. 充填范围大

煤炭以层状形式赋存，煤矿井田面积较大，需充填的区域面积较大；充填料输送的距离远，充填倍线大，不适合集中建站充填，即单一充填系统或充填站无法满足全矿井的充填需求，而需要多个充填站才能实现。而金属矿面积较小，易于在地表建立单一充填站实现全矿的充填开采。

(二) 充填开采方法分类

煤矿充填开采方法按充填介质类型及其运送时的物相状态，可以分为水砂充填、膏体充填、矸石充填和高水材料充填。

按照运送充填材料动力不同，煤矿充填开采方法可分为自溜充填、风力充填、机械充填和水力充填。自溜充填即利用充填料本身的自重，沿管、槽或巷道将充填料溜送至采空区；风力充填即利用压缩空气为动力沿管道或借助风力充填机将充填料运送至采空区；机械充填即利用专用投掷机将充填物料抛至采空区。上述三种方法的充填料一般是干的固体松散废弃物，所以又统称为干式充填。水力充填是利用水为动力将充填料沿管道充入采空区。

按充填料浆的浓度大小，煤矿水力充填开采方法可分为低浓度充填、高浓度充填和膏体充填。按充填料浆是否胶结，又可分为胶结充填和非胶结充填。

按充填位置不同，煤矿充填开采方法可分为采空区充填、冒落区充填和离层区充填。采空区充填即在煤层采出后顶板未冒落前的采空区域进行充填，冒落区充填即在煤层采出后顶板已冒落的破碎矸石中进行注浆充填，离层区充填即在煤层采出后覆岩离层空洞区域进行注浆充填。一般情况下，采空区充填宜采用高浓度或膏体的胶结充填，冒落区和离层区充填宜采用低浓度充填。

按充填量和充填范围占采出煤层的比例，煤矿充填开采方法可分为全部充填和部分充填。全部充填开采即在煤层采出后顶板未冒落前，对所有采空区域进行充填，充填量和充填范围与采出煤量大体一致。部分充填开采是相对全部充填而言的，其充填量和充填范围仅是采出煤量的一部分。

二、充填开采技术原理

(一) 充填开采岩层移动与破坏特点

无论采用哪一种充填采煤方法，其矿压显现规律、覆岩移动与破坏方式都与全部垮落法管理顶板回采工艺有较大差别。一般来说，采空区充填采煤法的顶板岩层移动与破坏具有以下特点。

1. 采空区充填可以有效缓解采煤引起的矿山压力显现

采空区充填可以有效改变煤体、围岩的受力状态，将其所受的采动压力由四周煤岩体承担改为充填物和四周煤岩体共同承担，有效分散采动影响压力，减少应力集中。同时，充填体将承受和转移顶板的大部分压力，有效抑制顶板下沉和底板隆起。一般情况下，采用采空区充填的采煤工作面，其初次来压和周期来压都不明显，有的几乎观测不到，工作面和回采巷道的矿山压力显著减小。

2. 采空区充填可以减少采动影响造成的顶板导水裂隙高度和底板的破坏深度

全部垮落法管理顶板的采煤方式，其上覆岩层遭到破坏程度随采厚的增加而增加。充填开采的采空区在充填及时、足量的情况下，可以做到不形成垮落带，导水裂隙带的高度也大大减小。采用全部充填工艺时，其导水裂隙高度不足全部垮落法的15%，甚至有时导水裂隙不明显。因此，充填开采可以减少因采动引起的煤层上覆岩层破坏造成的导水裂隙。同样，采空区全部充填对于煤层底板的破坏程度也明显减轻。

3. 采空区充填可以减少地表移动和破坏

根据开采沉陷规律可知，地表移动变形与开采厚度有直接关系，开采厚度越小，地表下沉越小；反之，地表下沉越大。充填采空区后，相当于减小了开采煤层的厚度，故可以减小地表移动和破坏。

（二）充填开采地表沉陷的影响因素

地下煤层被采出后就会引起上覆岩层的变形、破坏和地表的移动，充填开采可以有效地控制这些变形、破坏和移动，但由于各种因素的影响，充填开采还不能完全控制地表沉陷，这就不可避免地会引起一定的沉陷乃至破坏。影响充填开采地表沉陷的因素是复杂的，其中主要因素有充填率、充填体的压缩率和超前下沉。

1. 填充率

煤层开采后必然引起岩体向采空区内移动，岩层移动发展到地表引起地表沉陷。由此可见，煤炭开采引起地表沉陷的根本原因是由采空空间往地表传播扩散的结果。因此，提高采空区充填率是减缓地表开采沉陷的最有效和最直接的方法。理论上说，假如充填率接近1，充填开采可以完全控制地表沉陷。事实上，由于充填前采场围岩就已发生变形以及受充填工艺的限制，充填材料不可能充满形状复杂的采空区或实现采空区充填接顶。

应该指出的是，在相同的充填材料、充填工艺和同样的采矿地质条件下，充填率越大，控制开采沉陷的效果越好。

2. 充填体压缩率

充填体压缩率是指在完全侧限条件下，在垂直压力作用下最大下沉量与充填体高度之比。

充填体在自重和上覆岩层的作用下会产生压缩变形和沉降。如果采空区中充填体的压缩变形引起的沉降过大，就会失去控制开采沉陷的作用。

在充填率相同时，不同充填方法控制开采沉陷的效果一般是不同的。例如，波兰的上西里西亚矿区使用河砂充填，地表下沉系数一般小于0.1；同样条件下使用矸石充填，地表下沉系数一般为0.25～0.5。这两种充填方法的减沉效果存在差异的根本原因在于水砂充填体和矸石充填体的压缩率不一样。

为了了解充填体的压缩特性，必须对充填体进行室内压缩实验。充填体压缩实验的目的是测定充填体的单位沉降量、压缩率、压缩系数、压缩模量等，并绘制单位沉降量与压力的关系曲线或孔隙比与压力关系曲线。

当充填体上部岩体在受到岩层移动影响时，上部载荷发生变化，纯粉煤灰所堆积成的充填体承载性能相对较差。

3. 超前下沉

超前下沉是指充填前顶板和地表向采空区的下沉量。

由于煤层的开采，导致采场四周煤岩体内应力集中，尤其是工作面前方将受到超前支承压力影响。在超前支承压力作用下，工作面前方顶板和覆岩在充填之前必然产生压缩变形。虽然采用充填开采后工作面超前支承压力有所缓和，但其仍然存在，故该下沉变形量是不可控的。随着回采面积的逐渐增大、岩层运动向地表的传播，该超前下沉必将最终反映在地表沉陷上，其表现是：地表沉陷范围总是大于工作面回采边界。从这个方面讲，采用充填开采不可能做到地表完全不下沉。

(三) 充填开采地表沉陷的预计方法

为了预计充填开采地表沉陷，引出等效采高的概念，即将充填开采视为一个等厚的薄煤层开采，该薄煤层的厚度就是实际采高减去充填体压实后的厚度，这样就可以应用常规的垮落法地表沉陷预计方法进行充填开采的地表沉陷预测。

三、水砂充填开采方法

水砂充填开采方法是利用水力通过管道把充填材料砂粒送入采空区的充填采煤法。水砂充填采煤法的主要优点是：顶板下沉率低，围岩移动变形小，充填密实不漏风，可防止自然发火，作业安全等。其缺点是：增加了充填系统及设备，投资高，回采工序多且复杂，材料消耗多，开采成本高，机械化程度低，劳动强度大，且充填材料泌水恶化了工作面采煤作业环境。

(一) 水力充填系统

该系统由以下几个子系统组成：充填材料开采、加工及选运子系统，贮砂及水砂混合子系统，输砂管路子系统，供水及废水处理子系统等。

地面用矿车将采出、破碎及筛分后的成品砂运到贮砂仓贮存。在注砂室，砂与水混合成砂浆，经充填管路送至采煤工作面采空区，并在采空区脱水，砂子形成充填体，废水经采区流水上山和流水管道流入采区沉淀池，经沉淀后，澄清的水流入水仓，用水泵经排水管将水排至地面贮水池，以供循环使用。沉淀池内的淤泥用排泥罐排到矿车内，再将矿车提升到地面除泥。

水力充填的自然压头值是指注砂室出砂口与管路末端的标高差。输砂管路长度与压头之比称为倍线，充填倍线越小，输砂越容易。我国的大部分水力充填是利用水的自然压头，一般充填倍线控制在6以下。

由于砂浆输送过程中固体颗粒对管壁磨损剧烈，我国使用最多的是加铬铸铁管，其直径多为152mm和178mm。

(二) 倾斜分层走向长壁水砂充填采煤法采准巷道布置

采用水砂充填采煤法开采厚及特厚煤层，其分层间均采用上行开采顺序，以保证顶板是较完整的实体煤或岩层，底板是充填材料。

由于增加了输砂管路系统和疏水、废水处理系统，采准巷道布置有如下特点：

(1) 采区上山的数目一般多于两条，除运输上山和轨道上山外，还要增加流水上山，为减少岩石工程量，部分上山可布置在顶分层中。

(2) 当煤层分层数目较多时，为实现多工作面同时生产，减少分层平巷的维护费，便于后续工作面准备、提高采区生产能力、减少设备台数和提高设备利用率，多采用区段集中巷布置方式。

(3) 按煤层倾角不同，分层平巷间可采用水平、倾斜或重叠布置。

(4) 充填管路有两种布置方式：一种是材料道兼管子道的布置方式。该方式巷道系统简单，但巷道内轨道要求的坡度经常与充填管路要求的坡度相反。为抵消由于巷道逆坡造成的充填管路出现的上坡，当前端的充填管路布置在巷道顶板方向，接近工作面开切眼位置时，充填管路降低到底板位置。另一种布置方式是将材料道与管子道分别布置，这样管子道标高需要高于材料道标高，以利于充填。该方式掘进率高，适合于采区产量大、瓦斯涌出量大和走向长度大的采区。

(5) 分层运输平巷的疏水有两种方式：一是煤水在分层运输平巷分离。采用该方式时，需要在采空区保留一段分层运输。二是煤水同向。采区上山的数目一般多于两条，除运输上山和轨道上山外，还要增加流水上山。

(三) 采煤工艺

我国采用水砂充填采煤法的大部分工作面采用炮采工艺，也有少数工作面采用普采工艺。

采煤工作面破煤、装煤、运煤、支护等工序与垮落法相同，由于采用全部充填法管理顶板，采场矿压显现不明显，基本上没有周期来压，支承压力也较小，顶板移动及下沉量也小。因此，工作面控顶距可以适当加大，支护密度可以减小。根据实际情况，可采用点柱等简单支护方式控顶，但生产过程中增加了充填和污水处理等工序。

拉帮门子沿工作面全长布置，用来隔离采场和待充空间；底铺的作用是防止底板砂子被水冲走；半截门子是控制水流方向和截留泥沙，根据不同需要分别设在采场内、临时沉淀池内及分层运输巷道内；工作面临时沉淀池布置在采场下方充填区一侧，斜长 15 ~ 25m。将拉帮门子沿倾斜方向上钉好30 ~ 40m 后，即可接充填管路充填。

（四）成本及应用前景

水砂充填采煤法具有充填率高、压实率低、不添加胶结料且能有效控制地表下沉和变形等优点。但充填材料泌水恶化了工作面采煤作业环境，其充填系统复杂，充填设备及设施投资大，充填开采吨煤成本较高，一般水砂充填开采吨煤成本增加 60 ~ 80 元 /t。目前，水砂充填采煤法在波兰仍广泛应用，在我国已逐渐被淘汰。

四、膏体充填开采方法

（一）概述

1. 膏体充填的概念

膏体充填就是把煤矿附近的煤矸石、粉煤灰、河砂、风积沙、工业炉渣、劣质土、城市固体垃圾等在地面加工制作成不需要脱水处理的牙膏状浆体，采用充填泵或重力加压，通过管道输送到井下，适时充填采空区的充填开采方法。

膏体充填料浆流动性好，充填体强度高，是煤矿充填的理想材料。该技术适用于有大量煤矸石需要处理的煤矿、有大量矿井保护煤柱需要回收的煤矿和为提高煤炭资源采出率而需要采用充填法开采的煤矿。

2. 膏体充填的发展

膏体充填技术在国外金属矿山已有近 30 年的发展历史。世界上首次膏体充填试验于 1979 年在德国格隆德铅锌矿进行，后续在澳大利亚、加拿大、英国、南非、美国等国得到了推广应用。我国金川有色金属公司一矿区，大冶有色金属公司铜绿山矿近年成功试验并应用了膏体充填技术。膏体充填技术在煤矿应用最早的是德国。我国煤矿于2004年开始膏体充填技术的试验研究。

(二) 充填材料制备与泵送

膏体充填料是一种充填到采场后不析水的物料集合体。充填物料被制备成膏体状稠料，借助正压排量泵输送到井下采空区。下面从充填材料的制备和泵送两个方面进行介绍。

1. 充填材料的成分及粒径

煤矿膏体充填材料来源主要为煤矸石、粉煤灰、工业炉渣、城市固体垃圾、河砂等固体废弃物。充填材料组成成分的作用如下：

(1) 煤矸石粒级的划分对膏体充填材料的强度影响很明显，而且在很大程度上决定该材料的可泵性和稳定性。

(2) 添加剂作为膏体充填料浆的胶凝材料，能在极少用量的条件下达到符合要求的强度。

(3) 粉煤灰用作减水剂，在一定范围内发挥作用，并有最佳用量。

(4) 河砂作骨料时，由于其颗粒多为近似球体，因此比尾砂和矸石粉更有利于提高料浆流动性。

为了制备成可泵送性好的充填稠料，对物料配合有比较严格的要求。目前工业上常用的配方是：粗物料＋细物料＋超细物料。对于粒度较小的材料，经过简单处理 (筛除大于20mm的块料及线状杂物等) 就可进入料仓备用；对于煤矸石等大块材料，还需对其进行适当的破碎处理。煤矿膏体充填材料中胶结料掺量极少，按照一般混凝土的概念，是一种"极贫"混凝土，因此必须按照设计的浓度以及各种材料的配比，准确制备充填浆体，并充分混合均匀，才能够保证充填材料的流动性能、凝结固化性能和一定强度，井下回采工作面充填才能够达到预期的地表沉陷控制目标。

2. 充填材料特性的要求

为了满足膏体充填材料泵送充填的要求，还需要解决膏体的可泵性和稳定性问题。膏体的可泵性取决于混合物料的密度、粒级组成和颗粒形状等物理特性，但在实际应用中能够控制的参数只有混合物的用水量和粗细物料的比例。

膏体的稳定性受控于细物料的流变特性，细泥部分及其矿物组成对其流变特性具有决定性影响。当充填物料中细料含量大于 40%，且其中 $25\mu m$ 的超细物料含量达到 25% 时，在压力作用下可于管壁内侧形成一层润滑薄膜，并且使充填物料具有很高的抗沉淀能力，且稳定性好，在管道内存留一段时间仍然可以正常泵送。

充填物料的料浆稠度和流速决定了泵送物料所需比压，而稠度取决于单方用水量和粗细物料的混合比。在坍落度较小的稠混合物料中，粗颗粒含量的增加将改善其流动性，而在坍落度较大的稀混合物中，则产生相反作用。

3. 充填材料制备的控制

及时、准确地配料是保证充填材料性能稳定的关键，也是保证充填系统正常运行的关键。根据国内外充填经验，既要使充填浆体质量浓度尽可能高，尽量减少泌水，提高充填体强度，又要保证膏体充填料浆稳定可靠的泵送性能，料浆质量浓度变化范围应该小于 ±0.5%。

膏体充填料浆在管道输送中的一个重要特点是无临界流速，可以在很小的流速条件下长距离输送。流速过大，料浆流动需要克服的水力坡降大，管道磨损速度也大，对泵送压力的要求也高；流速过小，则充填能力不能满足生产需要。一般膏体充填系统设计流速为 0.7 ~ 1.0m/s。

为了保证膏体充填料浆流动性能、强度性能稳定，需要快速、准确地测定河砂、粉煤灰的质量变化，并及时调整配比。根据煤矿膏体充填材料的特点，选择周期式混凝土搅拌机强制搅拌，加料、搅拌、出料按周期进行循环作业，因而易于控制配比和搅拌质量。

4. 充填材料的泵送

膏体充填料浆采用混凝土泵加压管道输送。搅拌机搅拌好的料浆先进入浆体缓冲斗，再靠浆体自重向充填泵进料斗加料，经充填泵加压后的膏体充填料浆通过充填管，再经过充填站附近的充填钻孔下井，然后沿布设在巷道的充填管路输送到充填工作面，在充填工作面采用液压转换阀控制采空区充填顺序。充填泵和充填管的选择应根据充填能力、充填管线长度、膏体充填料浆特性、流速等综合确定。

(三) 充填系统与设备

膏体充填系统主要由以下三部分组成：配料制浆子系统、泵送子系统和工作面充填子系统。配料制浆子系统把煤矸石、粉煤灰、工业炉渣、胶结料和水配制成膏体充填料浆，泵送子系统采用充填泵把膏体充填料浆通过充填管路由地面输送到井下采煤工作面，工作面充填子系统将膏体材料充填到后方采空区。

1. 配料制浆子系统

采用膏体充填开采时，通常需要在地面建立充填站，并在充填站内构建整个配料制浆系统。有时也可根据需要，在井下建立充填站进行制浆，但限于空间、环境等制约因素而较少采用。

配料制浆系统中最重要的设备之一是搅拌设备，可供选择的搅拌设备有搅拌桶或混凝土强制搅拌机。前者投资少，但是当浆体质量浓度较大时，搅拌困难，不适合粗集料浆搅拌；后者投资较大，但适应能力强，不仅适合细集料浆搅拌，同样适合粗集料浆搅拌，特别适合高质量浓度料浆搅拌。

2. 泵送子系统

在充填系统中，搅拌机拌好的料浆先放入浆体缓冲斗，浆体缓冲斗靠浆体自重向卧式螺旋搅拌输送机加料，再由卧式螺旋搅拌输送机给充填泵供料，经过充填泵加压后的充填材料通过管道，由充填站附近的充填钻孔下井，再沿巷道管道输送到充填工作面。

为了避免因为充填泵发生故障等造成严重管道堵塞事故，在地面充填站附近设立沉淀池，在充填钻孔孔底巷道开挖事故处理水沟，保证即使发生停机等事故，也能够快速处理，避免管道特别是充填钻孔堵塞。

3. 工作面充填子系统

充填料浆输送到回采工作面以后，要保质保量完成充填任务，需要做好以下工作：

(1) 充填空间的临时支护。保证在充填前、充填期间和充填体有效作用前的这段时间内顶板保持稳定。

(2) 隔离墙的设立。需要快速形成必要的封闭待充填空间，为充填创造尽量多的时间，避免充填料浆流失和影响工作面环境。工作面充填子系统内，将充填体与回采工作面进行隔离是重要的一个环节。对于综采工作面，考虑到与回采工艺的结合，通常需要采用特殊的膏体充填支架，以保证与充填作业的配合。

(四) 充填工艺

膏体充填系统与煤矿开采系统的协调是煤矿膏体充填开采必须解决的关键问题。下面分别以普采工作面、综采工作面为例，介绍膏体充填工艺流程。

1. 普采膏体充填工艺流程

普采工作面进行膏体充填，首先必须在工作面控顶区与待充填区之间构筑一道隔离墙，形成一个"封闭"的待充填空间。为实现这一目标，可以采用塑料编织布隔离和组合式钢质模板隔离两个方案。塑料编织布隔离与传统水砂充填设置砂门子相似，波兰的胶结水砂充填也采用塑料编织布作隔离墙，它可以进一步减少膏体充填的初期投资。专门设计的组合式钢质模板及其与单体液压支柱、金属铰接顶梁的连接件，可以和单体液压支柱、金属铰接顶梁配合形成具有隔离充填料浆且高度和倾斜角可调、拆装方便的隔离墙。钢质模板具有足够的刚度和强度，能重复使用，也可以降低膏体充填隔离墙的构筑成本。

组合式钢质模板安装完成后，通过沿工作面按一定间隔布置与工作面充填管路相连的布料管，向待充填空间充入膏体充填料浆。工作面正常充填流程如下：

(1) 检查准备，确保系统正常、设备完好。在上一充填循环完成以后，管道内应该保持充满清水，新的充填循环应该在这种条件下正常开展工作；否则，必须先泵送清水至管道内使其充满清水后，才能够进入正常充填作业程序。

(2) 实施"浆推水"。在泵送膏体料浆前，先利用清管器在充填管道中装入清洗球，然后开动充填泵，使清洗球前面是清水，后面是浆体，即"浆推水"清水通过泵压经充填管路排到采区巷道的排水沟内。当清洗球出管后，利用液压转换阀使充填料浆经工作面充填管路充入待充填空间。

(3) 轮流充填。充填管路内清水排尽后，充填料浆通过工作面充填布料管按一定间隔时间轮流充填待充填空间，直至充填完毕。充填管切换的间隔时间应根据膏体料浆可泵时间、充填点有效范围内浆体充满程度等综合考虑。

（4）实施"水推浆"。在充填量达到设计充填量之前，为备用泵准备好清水，达到设计充填量后，先利用清管器装入清洗球，然后切换到备用泵管路，停止充填泵，启动备用泵，实施"水推浆"。充填管内的料浆继续充入待充填空间，清洗水排到采区排水沟内，管路冲洗干净后，转换阀切换到截止状态，使管路内充满清水。

（5）结束充填工作。地面充填站要彻底清洗搅拌机、膏体充填泵，井下充填工作面则需要收集清洗球，送到地面充填站，准备以后再用。

2.综采膏体充填工艺流程

（1）工作面回采工艺。综采工作面回采工艺：采煤机机头割三角煤→采煤机上行割煤→移架→上行推移输送机→采煤机机尾斜切进刀→采煤机机尾割三角煤→采煤机下行割煤→移架→下行推移输送机→采煤机机头斜切进刀（重复上述工艺循环，割煤4刀完成采煤工作进尺2.4m）→充填准备→充填→清理工作面。

（2）待充区的形成。充填前，首先用支架的后插板在工作面控顶区与待充填区之间构筑一道隔离墙，形成"封闭"的待充填空间，随后用塑料编织袋在待充填区内构筑完全封闭的充填空间。

综采膏体充填工作面设立塑料编织袋隔离墙的方法：首先，塑料编织袋悬挂在待充填区的支架尾梁上，用14#细铁丝两角固定；随后在靠支架插板和采空区（已充填）两侧，用14#细铁丝对塑料编织袋进行上、中、下固定（编织袋已在四周设置固定连接孔），铺设顺序一般是从下端头向上端头方向（即由低端向高端依次铺设，也可根据现场实际调整铺设顺序）；铺设在待充填区内的两个塑料编织袋交接处用木板配合圆木沿走向设置隔离墙，圆木一端伸入两个尾梁之间，一端深入底板。充填布料管插入编织袋处要用铁丝绑紧以防漏浆。工作面上、下端头关门与待充填区之间打设密集支柱，间距不大于0.3m，以防充填过程中受力过大而发生跑漏浆。

（3）充填流程。综采膏体充填流程与普采膏体充填流程类似，主要包括以下几个主要步骤：检查准备→管道充水→灰浆推水→砂浆推灰浆→轮流充填→管道清洗→充填工作结束。

3.充填安全技术措施

（1）充填顺序一般由工作面的低端向高端依次进行，即由机头向机尾方向依次进行，也可根据现场实际情况确定充填顺序。

（2）充填管路供水前，关闭主干管上的供料阀门及排水阀门。

（3）阀门排水时，作业人员和其他人员必须避开阀门的排水方向。

（4）由专人看管主干管排气阀的出水情况，待排气阀排气完毕后有水溢出时，及时关闭排气阀，同时通知信号工向充填站控制室汇报。

（5）得到打开排水阀门的命令后，稍微打开冲洗管路排水阀门，并及时将排水情况通知信号工。得到全部打开命令后，逐渐将阀门全部打开，整个过程必须由信号工随时与充填站控制室联系，严格按命令执行。

（6）充填过程中，采用两个相邻布料管轮流充填的方法进行充填。但两个布料管切换时间间隔应控制在 20～30min，以防因切换时间间隔过长使浆体凝固而造成堵管，同时保证待充填空间充填到位。

（7）充填过程中，充填工必须及时检查隔离墙的受力情况，同时注意分析充填范围内充填料的接顶情况，如存在不接顶现象，要及时进行一次充填。若发现隔离材料变形较大，应及时加固；若加固无效，必须及时通知作业人员撤离到安全地点；若发现隔离墙有大量跑漏充填浆或有倒塌迹象，应立即停止充填，并采取措施处理。

（8）预防堵管措施包括充填骨料质量控制，严格按照规定浓度对充填料浆配比，充填前必须详细检查主干管路的固定、磨损情况。

（9）处理堵管方法、步骤及安全事项：准确判断堵塞部位，如果系统管路堵塞，首先处理钻孔，操作人员在卸管期间严禁打水、供料。

（10）工作面控顶区与待充填区之间设置安全出口，即将安全出口设置在支架后插板隔离墙处，以保证人员安全出入，工作面每隔20架设置1个出口。

第六节　部分充填开采技术

一、部分充填开采的概念

部分充填开采是相对全部充填开采而言的，其充填量和充填范围仅是采出煤量的一部分，它仅对采空区的局部或离层区和冒落区进行充填，靠覆岩结构、充填体及部分煤柱共同支撑覆岩控制开采沉陷。全部充填的位置只能是采空区，而部分充填的位置可以是采空区、离层区或冒落区。

部分充填采煤法与全部充填采煤法的本质区别是：前者完全靠采空区充填体支撑上覆岩层控制开采沉陷，而后者靠覆岩结构、充填体及部分煤柱共同支撑覆岩控制开采沉陷。部分充填的特点在于充分利用了覆岩结构的自承载能力，减少了充填量，降低了成本。因此，对部分充填开采技术的研究，必须结合采动岩层移动规律。

如何降低充填成本是煤矿充填开采技术研究的关键问题。显然，研究采用部分充填开采技术是降低充填成本的重要技术途径。

二、部分充填开采的分类

按充填位置与充填时机的不同，煤矿部分充填开采分为采空区条带充填技术、冒落区注浆充填技术和离层区注浆充填技术等。

(一) 采空区条带充填技术

采空区条带充填技术就是在煤层采出后顶板冒落前，采用胶结材料对采空区的一部分空间进行充填，构筑相间的充填条带，靠充填条带支撑覆岩控制地表沉陷。

采空区条带充填开采原理：采用条带充填体置换条带开采留设的煤柱，只要保证未充填采空区的宽度小于覆岩主关键层的初次破断跨距，覆岩主关键层保持稳定不破断，且充填条带能保持长期稳定，就可有效控制地表沉陷。

条带充填开采技术有两种模式：第一种模式是长壁工作面条带充填开采模式，工作面布置成长壁工作面开采，沿推进方向在采空区相间构筑充填条带；第二种模式是条带工作面间隔充填开采模式，工作面布置成条带开采，隔一个工作面充填一个工作面。间隔充填较长壁条带充填在实施工艺上要相对容易，而且可以通过沿空留巷来减少巷道的掘进量。

当覆岩存在典型关键层时，合理设计的采空区条带充填技术方案可以取代条带开采方案，实现对开采沉陷的有效控制，提高煤炭采出率。当覆岩无特定的关键层时，不适宜采用该技术控制开采沉陷，否则地表下沉变形值将明显增大。

（二）冒落区注浆充填技术

冒落区注浆充填可以分为长壁开采冒落区注浆充填、房柱式冒落区注浆充填和条带开采冒落区注浆充填。

条带开采冒落区注浆充填技术，就是在建筑物压煤条带开采的情况下，通过地面或井下钻孔对采出条带已冒落采空区实施注浆充填，充填破碎矸石空隙，加固破碎岩石，使得采出条带冒落区重新发挥承载作用，有效减轻留设煤柱及其上方一定范围内岩柱上所承受的载荷，使得煤岩柱的压缩变形减小，从而减缓覆岩移动往地表的传播，减小地表移动变形值，同时利用充填材料与冒落区内矸石形成的共同承载体来缩短留设条带的宽度，以达到提高资源回采率和降低充填成本的目的。

合理布置充填工作面位置是条带开采冒落区注浆充填技术成功应用的关键之一，它涉及采煤工作面的布置，并决定工作面的充填工艺。

（三）离层区注浆充填技术

采动覆岩移动过程中岩层层面产生分离的现象称为离层。这种离层可以在垮落带、裂缝带及弯曲带中产生，但垮落带、裂缝带中离层发育的时间较短且其空隙会逐渐被压实闭合，而弯曲带中一般离层范围较大、发育发展时间较长。

覆岩离层注浆的基本原理：利用岩层移动过程中覆岩内形成的离层空隙，从地面布置钻孔将充填料浆液高压注入离层空间，使浆液与裂隙岩体黏结成整体，对离层空间的上覆岩层形成支撑，从而减缓它的移动向地表传播。

向离层空隙中高压注入灰浆的作用主要有两点：一是利用较软岩层中的黏土质成分遇水崩解膨胀的特性，使岩层压裂充水后崩解，体积增加，充填离层空隙；二是利用灰浆中的固结成分充填离层空隙（水在封闭的空间里也起支持作用）。随着井下开采活动的推进，离层空隙逐渐发育扩展，与此同时连续不断地通过地面钻孔向离层空隙高压注入灰浆，充填离层空隙带，支撑离层带上部较坚硬、刚度较大岩层，使其移动变形值减少，从而有效地限制或减少上覆岩层的弯曲，抑制地表的沉陷量、沉陷范围和沉陷速度。

参考文献

[1] 李新民. 新形势下地质矿产勘查及找矿技术研究 [M]. 北京：原子能出版社，2020.

[2] 李超，周铿杭，曹立扬. 地质勘查与探矿工程 [M]. 长春：吉林科学技术出版社，2020.

[3] 鲍玉学. 矿产地质与勘查技术 [M]. 长春：吉林科学技术出版社，2019.

[4] 王金山，邢文进，周伟伟. 地质勘查与资源利用 [M]. 长春：吉林科学技术出版社，2022.

[5] 焦裕敏，张立刚，杨丽. 地质勘查与环境资源保护 [M]. 西安：西安地图出版社，2022.

[6] 张立明. 固体矿产勘查实用技术手册 [M]. 合肥：中国科学技术大学出版社，2019.

[7] 师明川，王松林，张晓波. 水文地质工程地质物探技术研究 [M]. 北京：文化发展出版社，2020.

[8] 沈铭华，王清虎，赵振飞. 煤矿水文地质及水害防治技术研究 [M]. 哈尔滨：黑龙江科学技术出版社，2019.

[9] 鲁海峰，孙尚云，姚多喜. 两淮（极）复杂水文地质类型煤矿防治水现状研究 [M]. 合肥：中国科学技术大学出版社，2021.

[10] 中国煤炭工业安全科学技术学会安全培训专业委员会，应急管理部信息研究院. 煤矿探放水作业 [M]. 北京：煤炭工业出版社，2019.

[11] 刘洪立，俞志宏，李威逸. 地质勘探与资源开发 [M]. 北京：北京工业大学出版社，2021.

[12] 鲁岩，李冲. 矿山资源开发与规划 [M]. 徐州：中国矿业大学出版社，2021.

[13] 周泽 . 浅埋岩溶矿区采动裂隙发育及地表塌陷规律研究 [M]. 徐州：中国矿业大学出版社，2019.

[14] 霍丙杰，李伟，曾泰，等 . 煤矿特殊开采方法 [M]. 北京：煤炭工业出版社，2019.

[15] 陈雄 . 煤矿开采技术 [M]. 重庆：重庆大学出版社，2020.

[16] 王文亮，王晓燕，崔姣利 . 水文与水资源管理 [M]. 北京：北京工业大学出版社，2023.

[17] 潘晓坤，宋辉，于鹏坤 . 水利工程管理与水资源建设 [M]. 长春：吉林人民出版社，2022.

[18] 刘吉平，李闯 . 三江平原孤立湿地的结构和功能研究 [M]. 北京：科学出版社，2021.

[19] 章光新 . 三江平原水资源演变与适应性管理 [M]. 北京：中国水利水电出版社，2018.